青少年探索文库
QingShaoNianTanSuoWenKu

世界各地的饮食文化

姜 越 编

吉林人民出版社

图书在版编目（CIP）数据

世界各地的饮食文化 / 姜越编. — 长春：吉林人民出版社, 2010.10（2021.3重印）

（青少年探索文库）

ISBN 978-7-206-07067-9

Ⅰ.①世… Ⅱ.①姜… Ⅲ.①饮食—文化—世界—青少年读物 Ⅳ.①TS971-49

中国版本图书馆CIP数据核字(2010)第192099号

世界各地的饮食文化

编　　者：姜　越

责任编辑：王　斌

吉林人民出版社出版（长春市人民大街 7548 号　邮政编码：130022）

印　刷：三河市燕春印务有限公司

开　本：700mm×970mm　　1/16

印　张：13　　　　　字数：110 千字

标准书号：ISBN 978-7-206-07067-9

版　次：2010 年 10 月第 1 版　　　印　次：2021 年 3 月第 2 次印刷

定　价：39.00 元

目 录

外国人请客吃饭从来不浪费

就餐浪费这种现象，在经济发达的国家十分少见。在德国，就餐浪费就会被罚；在法国，人们大都各点各餐、各买各单，即便商务宴请也只点三样；在美国，公务招待居然只吃汉堡；在日本，政府官员公款消费时如履薄冰，因为媒体和民间团体都会盯着……

法国：各点各餐各买各单

在法国，朋友聚餐一般采用AA制，自己吃多少点多少，即便是点酒，也会事先商量好，平均承担费用。如果是工作宴请，比如由供应商买单宴请客户，一般的情况下，午餐也很简单，大多只点三样，一个开胃菜、一个主菜、一杯咖啡就够了。一般 12 点半开始，不到 2 点就可以结束了。

德国：就餐浪费就会被罚

一群外国人去德国出差，驻地同事在一家餐馆为他们接风洗尘，桌子很快被碟碗堆满，结果剩下三分之一没吃掉。

出门没走几步，他们就被餐馆里的人叫住，原来，几位在此就餐的德国老太太批评他们剩菜太多，太浪费。但他们认为花钱吃饭买单，剩多少与别人无关，老太太很生气，立刻掏出手机拨打投诉电话。不久，一个身穿制服的社会保障机构工作人员出现了，并开出 50 马克的罚款单。

工作人员收下马克，郑重地对他们说："需要吃多少，就点多少！钱是你自己的，但资源是全社会的，世界上有很多人还缺少资源，你们不能够也没有理由浪费！"

俄罗斯：公款吃喝报销手续太复杂

俄罗斯人几乎没有公款吃喝的经历，主要原因是俄罗斯单位的财务制度很严格，报销手续太复杂。

首先要在请客之前填写一张"请客计划"，详细汇报去哪儿吃、吃什么，大概的价格是多少，请客的目的是什么，之后再由领导签字，经批准后才能请客。吃完饭后，要保留饭店提供的发票，发票上需标明吃了哪些菜，喝了哪些汤，每个菜的价格是多少，此外，吃完还要报告请客效果如何，是否达到了请客目的等等。

美国：公务招待居然只吃汉堡

有一次美国前参议院多数党领袖请中国访问学者吃饭。当时，电话说参议员要约一个方便的时间，请她共进午餐，并约定派专车来接。约会前夕，秘书来电话，说是为了订明天参议员的午餐，希望知道她选择哪种三明治。他报了几种名字，无非是火腿、火鸡、奶酪、牛肉，语气十分慎重而客气。次日，参议员的司机如约来接客人。那司机满头白发，态度和蔼，礼貌周全。到达后，秘书已在门口迎接，这位中国访问学者是唯一的客人，荣幸地受到了贵宾待遇。不过吃的内容，真的就是一盘事先预订的三明治和少数几样供选择的饮料。原来生活简单朴素、饮食节制，是那位参议员一贯坚持的原则。

一般说来，美国人对请客吃饭比较随便。约会交谈经常约在午餐时，因为这样比较节省时间。地点大多在本部门餐厅，丰俭不一，大体适中。

英国：请客菜肴少而精

一次，中国学者去访问剑桥大学的一位教授，时间约在下午4时。但是到剑桥后，那位教授说，他要主持一场报告会，而报告会临时提前了，因此在会前谈话时间太短，如愿意，可以参加报告会，以后再同他讨论。会后，那位剑桥教授按计划要请两位报告人吃饭，饮食非常简单。

在伦敦一位“中国通”请朋友吃饭，他是伦敦大学东方学院的资深教授。他常去一家中国餐馆，凡有中国朋友来访大多请到那里。他一进去就用广东话点菜，点菜相当地道，但是“少而精”，只能吃七分饱而已。

日本：政府公示请客吃饭费用

在日本，很少见到政府官员用公款大吃大喝的现象，这和日本民间对政府的严密监督有着很大的关系。

日本各地陆续建立了民间行政观察员制度，对政府行为进行监督，检查纳税人的钱到底是怎么用的。他们时常向政府提意见，要求公开政府财务状况。在密切监督之下，政府官员自然不敢随便用公款吃喝了。在舆论的压力之下，一些地方政府开始在网上公开政务，包括请客吃饭的开支，以接受民众的监督。

韩国：垃圾桶没有米饭菜叶

在韩国，大学教职工食堂和学生食堂每餐提供两种份儿饭供就餐者选用，一般情况下，主食大米饭根据个人的食量大小盛取，蔬菜则按当日食谱提供。

在这里就餐的学生十分节俭，垃圾桶里没有一粒米饭、一片菜叶。据了解，韩国在上世纪70年代国民生活初步好转的阶段，浪费现象也比较严重，为了节约资源，国家以法律的形式规定各类食堂、餐馆一律向就餐者提供份儿饭，同时对每份饭菜的营养成分、配比等提出了要求。

加拿大：公共场所有礼貌

在加拿大，人们在各种公共场所交谈都是轻声细语。几百人在自助餐厅用餐，没有人大声喧哗，饮酒时不劝酒、不斗酒，尊重个人的意愿。

加拿大人真正做到了助人为乐。餐厅有两道玻璃大门，每次进去，只要里面有人，他们就会主动为别人开门。大学生在餐厅打工、端盘子、洗餐具等，并不觉得没面子、失身份。服务员和顾客相互尊重、相互平等、礼貌待人，看不到吵嘴和打架的事情发生。

外国政要喜欢吃大众食品

俗话说，萝卜青菜，各有所爱。世界各国政要也有自己喜欢的食物，我们可以从他们饮食爱好中了解他们的秉性。

普京喜欢健康食品

俄罗斯总理普京显然不是个美食家，但他喜欢健康食品。2005 年普京曾谈到：“一般而言，给我什么我就吃什么。老实说，我没有足够的时间吃东西。我喜欢蔬菜：西红柿、黄瓜、生菜。早上喝粥、嚼奶豆腐、饮蜂蜜。如果在鱼和肉之间选择，我会挑鱼。肉类中偏爱羊肉。除冰淇淋外，我对甜食基本不感兴趣。我通常只喝绿茶。”

不过，普京的夫人柳德米拉在她的《弗拉基米尔·普京：

通往权力之路》一书中推翻了普京的说法。她说，普京非常挑剔，对菜稍有不满，就可能拒绝进餐。不过，在公开场合普京的确什么都吃，但对每样食品都是蜻蜓点水，而且进食速度极快。看来，吃饭已成为他工作的一部分。

布什喜欢大众化食品

美国前总统布什在多次接受采访时都说，他最喜欢的食物是花生酱三明治、奶酪汉堡和炸土豆，都是些大众化的食品。前白宫大厨沃尔特·沙伊布一语道破天机:“布什的爱好之一是泰国菜，放很多姜汁、红辣椒和咖喱。”布什还喜欢吃墨西哥辣椒牛排，曾用这道菜招待过来访的俄总统普京。当时，身为美国总统的布什，出人意料地喜欢吃中餐，特别是北京烤鸭、北京风味羊排、干煸牛肉丝、干烧四季豆这几道菜。

希拉克能吃会做

政治强人中少有美食家，他们几乎没有时间坐下来平心静气地享受一餐美食。法国前总统希拉克算是例外，吃对他而言，是莫大的享受。希拉克特别爱吃各种美味，从鲜贝、血肠、莴苣、生菜、奶酪、摊鸡蛋到香肠、烤肉、烤鸭，几乎无所不好，他还能吃牛头肉、蜗牛、软体动物和兔肉等。而且食量惊人。他经常就着汤汁大口猛啃热猪头肉，也时常就着咸菜吃腊肠，美食对他来说既是巨大享受，也耗费众多。据说法国前总统密特朗在一次出行时，惊异于自己接班人的食量："真是个大肚汉啊！"有一次希拉克曾当众示范如何吃汉堡包，拿两片汉堡包，夹上肉，开始大吃，此后得了一个外号"卡冈都亚"：《巨人传》中贪吃的巨人。

希拉克会吃亦能做。虽然他的官方履历中没有记载，但据说他年轻时曾经参加过厨师培训班，拿手好菜是炖牛尾。

默克尔亲自下厨

德国总理默克尔不光是个政坛上的女强人，每逢周六，她还会抽出时间亲自下厨。她与丈夫都是农家菜的拥趸：土豆汤、肉饼、烤虹鳟鱼和大馅饼。据说，她的招牌菜是奶油馅饼。

伊丽莎白二世节俭持家

英国女王伊丽莎白二世虽然坐拥庞大财产，但她的节俭却是有口皆碑的。午餐吃剩下的肉和蔬菜不能扔掉，而是用于烤制土豆馅饼。但是，她对西红柿籽难以忍受，因为它们会粘在齿缝间。

普罗迪胃口极佳

意大利的两任总理贝卢斯科尼和普罗迪的饮食风格截然不同。前总理贝卢斯科尼对饮食非常讲究，习惯也千奇百怪，有时拒绝进食肉类，有时则只吃高蛋白食物，有时甚至只吃蒸食。普罗迪则是胃口极佳，来者不拒，因而得到了“摩泰台拉”（意大利人最爱吃的香肠）的绰号。

小泉特别注意饮食卫生

日本人本来就对饮食卫生有很高的要求，作为前首相的小泉也不例外。小泉的饮食卫生要求也许是最繁琐的：一是为了保证餐具卫生，一顿饭下来可能要用到几十种餐具；二是喜欢生食蔬菜，这就给厨师加大了工作量，因为既要保证蔬菜新鲜度，又要保证清洁，消毒蔬菜的工作将非常复杂。

小泉喜欢吃海产品，比如各种鱼肉，但鸟类和野生动物绝对不碰。另外，据说小泉还非常喜欢吃中国菜，就像他之前的几位首相一样，他也喜欢吃像小笼包和手工水饺这样的中国传统小吃。

外国国宴远比人们想象的简单

国外常有大大小小的宴会和酒会，而大家最感兴趣的，就是颇具神秘感的各国国宴了。

外国国宴通常为晚宴，出席者8时到场，端杯聊天，常常于9时或10时入席进餐。出席国宴的人都身着正式服装，按固定的席位入座。大家谈政治、谈友谊，当然也说天道地，海阔天空。国宴一吃常常就是两三个小时，但饭菜却远比人们想象中简单得多：往往是少许冷盘，一或二道热菜，一道甜食，外加面包和饮料随时根据个人需要提供，完全不像我们想象的满汉全席那么奢侈。

当然，饭菜简朴不代表“礼轻情不重”，实际上西式国宴特别注重礼仪，其功夫往往在饭菜之外。比如在瑞士，联邦政府主席为招待各国外交使节而举行的国宴，都是三菜一汤，加上一份甜食，但精明的主人善于用五彩缤纷的鲜花和美妙的音乐营造出一种温馨的气氛，让你有宾至如归之感。菜式的设计更是别出心裁，甜点上装饰有瑞士国旗图案，状若熊掌的蘑菇牛排看起来赏心悦目。瑞士的首都伯尔尼被誉为“熊城”，吃了这道菜，从肚子到脑子都再也忘不了伯尔尼。

和崇尚简约的西式国宴不同，一些国家和地区非常注重以民族特色招待宾客。1970 年 4 月周恩来总理访问朝鲜时，金日成主席就为他特设了“全狗午宴”款待。这“全狗午宴”的冷盘和热菜均从狗的身上做文章：狗血肠、红烧狗肉、清炖狗肉、狗肉汤。烹饪方法不同，每道菜香而不腻，美味可口。另外，看似不起眼的泡菜也在朝鲜的国宴上扮演着不可或缺的角色。朝鲜泡菜风味独特，酸、辣、香、脆齐备，既下得普通百姓的厨房、也上得国宴的厅堂。

墨西哥国宴与朝鲜的“全狗宴”有异曲同工之妙。墨西哥人以玉米为主食，他们的国宴也是一盘盘玉米美食：“托尔蒂亚”是将玉米面放在平底锅上烤出的薄饼，类似中国的春饼，“达科”是包着鸡丝、沙拉、洋葱、辣椒，用油炸过的玉米卷，最高档的“达科”干脆用蝗虫做馅，“蓬索”是用玉米粒加鱼、肉熬成的鲜汤。另外，在这个神奇的国家，“米邦塔”食用仙人掌有着久远的食用历史，用它做成的大菜也是墨西哥国宴上招待外国贵宾的一道主菜。

阿拉伯国家国宴最常见、也最受欢迎的一道菜是烤全羊。烤熟的整羊放在桌上，旁边有切好的生洋葱和其他调味品，任客人持刀割肉自行享用。

非洲国家的国宴具有地方特色。马里外交部招待外国使节的大餐就是一道烤骆驼，那滋味不可言传，总之过口难忘。烤骆驼上席的时候还特别有趣：骆驼被掏空内脏，一只烤全羊会被置于骆驼腹中，一只烤鸡又含于全羊腹中，那烤鸡腹中又藏着一只烤鹌鹑，鹌鹑腹中含着一个鸡蛋。当客人开始品尝这烤骆驼之时，就好像在猜一道妙趣横生的连环谜题，主人的热情与幽默都在不言之中。

埃塞俄比亚的国宴多是生牛肉宴。生食的牛肉很鲜嫩，带血牛肉最受欢迎，吃法有两种：一是将剥去皮的整头牛劈成两半，挂在钩上，客人一手持刀一手拿盘，你爱吃什么自己动手去牛身上切，边切边蘸着作料吃，不加主食；另外一种是把牛肉绞成肉糜，拌上辣椒粉等调料装盘吃，或用一种谷物做成的“英吉拉”薄饼裹着吃。海尔·塞拉西皇帝在位时宴请中国俞沛文大使以及后来埃塞俄比亚外长宴请杨守正大使，均以生牛肉宴款待。

法国菜是西方国家中最负盛名的一种，而“巴黎牛排油炸土豆丝”又被誉为这个美食大国的国菜，每次都会被端上国宴台面。这菜妙在牛排半生半熟，肉呈红色，鲜美可口，土豆丝焦熟适度，嚼起来满口生香、风味独特。法国国宴上还常有名菜——烤蜗牛，它的制作很特别：将蜗牛肉同葱、蒜、洋葱一起捣碎，拌以黄油，调味之后，把肉塞回壳内，放在特制的瓷盘里，送进烤箱里烤。食用时油还冒着泡，香气扑鼻。

西班牙海洋渔业资源十分丰富，海鲜常作为国宴的美味佳肴。“巴爱雅”举世闻名，是一种用油炒过的大米加上各种海鲜或肉食作配料制作而成的食品。政府高官常用此菜招待外国贵宾。

秘鲁以烤肉串作为国菜，尤以烤牛心、羊心、鸡心为主。烤前将肉串放入酒、醋、盐、蒜、辣椒等原料中腌拌数小时，烤时掌握好火候，烤出的肉串芳香四溢。

国宴说起来很严肃，其实不外是一种饮食文化与民风民情的展示。不同国家和民族文化背景不同，饮食习俗也千差万别，所以各国的国宴也因地、因民族而异，五彩缤纷。

面包和盐：最平凡的无价之宝

世界上不少国家在国宾抵达时向国宾献上面包和盐。向客人献上面包和盐，是一种庄严、神圣、高尚的礼仪，体现了东道国的传统习俗和文化。

1994 年 4 月 18 日至 28 日，李鹏总理对乌兹别克斯坦、土库曼斯坦、吉尔吉斯斯坦、哈萨克斯坦等国进行正式访问。每到一处，东道国都在李总理走下飞机时，安排一名少女向李总理献上面包和盐。

世界上许多国家把面包和盐当做最珍贵的礼物献给来访的国家元首或政府首脑。俄罗斯和欧洲其他一些国家，如匈牙利、保加利亚等迎接外国国宾最隆重的礼节便是向国宾赠送面包和盐。面包置于精美的大盘中，面包旁放着一碟盐。面包和盐象征着主人以最隆重的礼仪接待客人和最真挚的情谊。这种习俗自古沿袭至今。

入邦随俗，到访的贵宾用手掰下一小块面包，从小碟中蘸一点盐，品尝一下，然后向热情好客的主人表示谢意。极为平凡的食品，在此场合中却表示最崇高的礼遇。为什么他们如此看重面包和盐？

面包是许多国家的传统主食，赖以生存的必需品，他们一日三餐都吃面包。例如俄罗斯，面包无处不在，无时不有，和人民生活息息相关。面包个大、色香、味美、种类多，形状和名称也有所不同。每年小麦收获季节，人们载歌载舞庆祝小麦丰收，并烤制第一炉面包，共享天伦之乐。

每年 8 月 20 日为匈牙利的“面包节”，举国上下用新小麦烤出第一炉面包来欢度这个节日，招待贵宾。人们高高兴兴地欢聚一堂，回顾一年来的辛勤劳动，祈望明年五谷丰登。

保加利亚人十分崇拜面包，他们认为，世界是大地、水和火的三元世界，面包就是世界三元化合而成的，面包无疑是人间的圣物。每当贵客临门，他们必须专门为客人烤制一炉面包，让客人和他们一道共享新面包的欢乐。他们珍惜每片来之不易的面包，他们吃面包的方法也非同寻常，吃新麦磨面烤出的第一个面包时，每个人必须伸出右手去接年长的人分给他们的面包，然后右手拿面包从右侧绕到脑后，再将面包从脸部左方送入口中，这种吃法不容易，意在让大家知道面包来之不易，人们把它称之为“血汗面包”。他们认为浪费面包是无法赎回的极大罪恶。平时他们崇拜和珍惜面包，当贵宾来访时，便把面包当做最心爱之物献给客人。他们认为：面包是一种崇高而有意义的食物，是他们的劳动果实，是无价之宝。

在欢迎贵宾的宴席上，他们除了款待客人面包外，还备有咸汤和盐。食盐是人们必需的食品之一，是人体生理功能不可缺少的物质。盐也是无价之宝，对于地处内陆或境内不产盐的国家或民族来说，盐是千金难求的。在古代盐巴奇缺，即使在盛大国宴上，也只有在贵宾席上备一点盐，供少数人食用，可见盐在古时十分贵重。在他们的宴席上，不备咸汤或碟盐，意味着冷落客人。至今俄罗斯人十分忌讳打碎盐罐，打碎盐罐意味着不幸。

面包和盐在他们的物质和文化生活中起着举足轻重的作用。在今天的日常生活中，面包和盐是一种十分平常、十分便宜的东西。当他们以最平凡和最基本的东西款待贵宾时，面包和盐在价值上便达到顶峰了。

外国人怎样待客

吃多吃少，随你便

这是文莱人的待客习俗。在文莱，家里来了客人，不管认识不认识，只要向自己问好，主人就会笑脸相迎、热情接待，把家中吃的东西都拿出来供客人享用。但是主人从不劝食，对方吃不吃、吃多吃少、好吃不好吃，从不过问。主人认为这样问客人是不礼貌的。

我吃饭，你付钱

在印度的一些地区，如果同商业谈判对象和朋友共进晚餐，他们会自然地说："你的资本比我的多，所以这笔餐费应该由你付。”不熟悉情况或初来乍到的客人，常常会被这种场面闹得啼笑皆非。钱多的人或是受欢迎的人应该付钱——他们认为这是对你的尊重，与抠门或挨宰不能相提并论。

吃定量，多吃自费

瑞士是世界上最富有的国家之一，但瑞士人精打细算，节约成风。在这个国家承办的世界性高层活动，一日三餐固定供应每人一份，或是把这份餐费发给个人，让你自己找地方吃。除此之外，每人免费供应一杯茶。谁要是多吃多喝，得自己另外付钱，国内外客人一视同仁，概不例外。

先订“协议”后吃饭

与澳大利亚人共进午餐要特别注意哪一顿饭该由谁付钱，如果你付钱过于积极或忘记付钱都是不礼貌的。在一般情况下，你提议喝酒，通常由你付钱，不可各自付钱，除非事先说好。

吃多少要多少，严格“三光”

德国人讨厌凡事浪费的人，所以一般人都没有奢侈的习惯。与德国人相处，务必遵守这个习惯，才能跟他们打成一片。如与他们共同进餐，不能多要根本吃不了的菜量，已要的饭菜必须吃光，即使是汤也要用面包蘸着吃下去或喝光，用舌头舔光盘子的场面即使在公共场合也是司空见惯的。

“洋人”怎样喝“洋酒”

外国人喝酒有很多讲究，但简单地说，洋酒的喝法只有三种。

第一，“纯喝”（Straight），也就是单纯喝一种酒，品味其独特的芬芳与气味。

第二，“加冰酒”（On the Rocks），即纯喝一种酒但加入冰块、稀释而冰凉的喝，是西方人最常使用的饮酒法。

第三，“调酒”（Mix），把多种酒类和其他配料调和在一起混着喝，这也就是所谓的“鸡尾酒”（Cocktail）。鸡尾酒的配方因人创制而异，也因时代的变迁而有流行与淘汰，但一般来说，许多著名的鸡尾酒，其配方已经可以确定是传之不朽的经典，人们将会自它出世之日，钟爱它至永远。

以下是洋酒在酒吧里的几种时尚喝法：

1.伏特加+橙汁：从狂野到柔情。这是一种最为流行的喝法，在酒吧里还有个绰号叫“螺丝刀”。闭上眼将酒一饮而尽，冰凉加清香，果味的甘香清甜与浓烈的酒精混在一起，让原本无色、无味的烈酒，变得回甘无穷，意外的惊喜让人清醒不少。

2.芝华士+冰绿茶+苏打水：绵里藏针。本来威士忌是一款很烈的酒，净饮的话几乎就是烧着喉咙下肚，所以连酒商都会介绍你要勾兑一倍的苏打水，这样喝起来才不会那么烈，口感比较平和。可到了酒吧里，这搭配就有几分好玩了，一定要搭配冰绿茶，不能用冰红茶。一杯芝华士、两支绿茶、些许冰块交融在一起，结果就在一股仙风道骨的茶香中，酒精悄然而入，不多时就会有御风而行的感觉了。

3.纯白轩尼诗+苏打水：降贵纡尊。轩尼诗是法国白兰地的四大品牌之一，很烈、易醉。喝白兰地的时候，要用高脚玻璃杯。每次倒到杯里的酒，只能有一盎司左右。用中指和无名指，夹住酒杯高脚，双手紧捧酒杯，慢慢来回晃动。利用手掌的温度，把酒均匀加热。酒温达到人的体表温度时，酒香四溢，浅浅喝上一小口，千万不要急于下咽，把酒含在嘴里，让舌头与口腔充分感受酒的味道。

4.杰克丹尼+可乐：最终出成果。据说有人发明了陈醋加雪碧的喝法，美其名曰：天地一号。杰克丹尼加可乐的组合到底有多好喝要视个人口味而定，不过据说国外已经有了类似“天地一号”的产品，名为“杰可”，顾名思义，主要成分是杰克丹尼加可乐。此种兑法最宜品酒之用，入口好，在汽水的作用下酒精才会更好地发挥作用。

5.朗姆酒+毡酒+汤力水：火在水里燃烧。两款酒都很烈，混在一起更是烈焰熊熊。两款酒都很清澈，合在一起也还是平静如水。所以说，在喝酒人的眼里，水和火是没什么分别的。

6.百利甜酒+苏打水：女人香。女人喝酒是很冒险的，其形象要么特别堕落，要么就特别美丽。百利甜酒的所有组合都是为了迎合女士，除了加苏打水，甚至还可以加牛奶。

7.百家得朗姆酒+可乐：自由古巴。激情的组合，古巴产的百家得朗姆酒碰上了自由的美国可乐。其实这世界的冲突漩涡中也有一些可爱的和谐，比如卡斯特罗和克林顿都喜欢雪茄，还有这杯自由古巴。

8.龙舌兰酒+柠檬+盐：火速龙舌兰。其实这是龙舌兰最正统的喝法。在酒吧要一杯龙舌兰酒，通常会按惯例同时附上一瓶细盐与一小片柠檬。此时老到的饮酒者，会把细盐撒在左手手背近大拇指的地方，然后一口气完成舔盐粒、嚼柠檬片和大口喝下龙舌兰酒三个动作。龙舌兰加雪碧也是很好的选择，透明的龙舌兰酒兑上透明的汽水，一比二，盖上杯口，在桌上用力一敲，香甜的酒气随着透明的气泡奔涌，是最“欢乐”的酒。此外，喝龙舌兰还可以加上蝴蝶幼虫。传说这一古老传统是阿兹特克人的发明，他们认为吞掉蝴蝶幼虫是勇气的象征。墨西哥的酿酒师则认为，这种小虫子可以改善龙舌兰酒的味道，而且可以让人产生很强烈的愉悦感。

外国人怎样喝咖啡

美国：百无禁忌的美式咖啡

美国人喝咖啡，像进行一场不需要规则的游戏，随性放任，百无禁忌。欧洲人冲调咖啡时的种种讲究，美国人不屑一顾。美国人喝咖啡喝得自由，咖啡也同时深入他们的生活中与其难以分离，影响之深甚至达到没有咖啡不算生活的地步。据说第一次载人类上月球的阿波罗十三号宇宙飞船，在归航途中曾经发生生死攸关的故障，当时地面人员安慰三位航天员的一句话就是：加油！香喷喷的热咖啡正等着你们归来。不论在家里、办公室、公共场合还是路边自动贩卖机，美国人几乎一天24小时都离不开咖啡。他们喝掉了世界咖啡产量的三分之一，是全球咖啡消耗量最大的国家。

一般而言，美国人生活比较忙碌紧张，表现在喝咖啡上，经常就是一大壶电热过滤式咖啡，从早喝到晚。由于水加得多，咖啡少，因此味道特别淡。其实，在美国各地，咖啡嗜好者只要多费点心力，还是可以品尝到自己喜爱的咖啡的。另外，美国虽然是最大的即溶咖啡外销国家，但美国本身喝即溶咖啡的人却不多。近年来，他们日益重视饮食健康，市场上无咖啡因的咖啡销路渐增，而喝咖啡不加糖的风气也越来越普遍。

土耳其：摄人心魄的土耳其咖啡

咖啡在中东古国，宛如一千零一夜里的传奇神话，是蒙了面纱的千面女郎，既可以帮助亲近神，又是冲洗忧伤的清泉。要说咖啡，不能不提中东土耳其咖啡，它的故乡在遥远神秘的中东山上。经过 13 到 15 世纪长达 300 年的宗教禁忌后，咖啡在 16 世纪正式传入土耳其，并且迅速传至欧洲大陆。这种盛行于希腊、东欧、中东、北非等地的咖啡饮用法，一般人惯称土耳其咖啡或阿拉伯咖啡，至今仍保持着神秘感。传统土耳其咖啡的做法，是将经过烘培热炒的浓黑咖啡豆磨成细粉，连糖和冷水一起放入红铜质、像深勺一样的咖啡煮具里，以小火慢煮，经反复搅拌和加水过程，大约二十分钟后，一小杯又香又浓的咖啡才算大功告成。

当地人喝咖啡是不过滤的，因此一杯浓稠似高汤的咖啡倒在杯子里，不但表面上有黏黏的泡沫，杯底还有渣子。在中东，受邀到别人家里喝咖啡，代表了主人最诚挚的敬意，因此客人除了要称赞咖啡的香醇外，还要切记即使喝得满嘴渣子，也不能喝水，因为那暗示了咖啡不好喝。阿拉伯人喝咖啡，喝得慢条斯理，他们甚至还有一套讲究的“咖啡道”，就如司中国茶道一样，喝咖啡时不但要焚香，还要撒香料、闻香，琳琅满目的咖啡壶具，更充满着天方夜谭式的风情。一杯加了丁香、豆蔻、肉桂的中东咖啡，热饮时满室飘香。

意大利：热情洋溢的意大利咖啡

英文名称为 Espresso 的意大利咖啡，近年来在意大利国内已经普遍为爱好咖啡的人所熟知。这种又浓又香，面上浮着一层金黄泡沫的纯黑咖啡，一饮便让人难以忘怀。意大利咖啡的特色，表现在它的英文名字上，就是一个快字；做得快，不超过 10 秒钟；喝得也快，只有两三口。一般意大利人起床第一件事就是马上煮一杯咖啡，不分男女几乎从早喝到晚，街上到处可见咖啡小店。

意大利人平均一天要喝上 20 杯咖啡，调制意大利咖啡的咖啡豆是世界上炒得最深的一种豆子，这是为了配合意大利式咖啡壶瞬间萃取咖啡的特殊功能。由于一杯意大利咖啡的分量只有 50 毫升，咖啡豆用量只要 6~8 公克，因此这种看起来很浓的咖啡，其实一点都不伤肠胃，甚至还有帮助消化的作用。意大利咖啡还有一种加牛奶的喝法，叫做卡布基诺，利用意大利咖啡壶摄氏一百三十度以上的蒸汽，先将牛奶打成泡沫，再漂浮在浓黑的咖啡上，迷人的意大利咖啡在甜美的新鲜牛奶点缀之下，更让人如痴如醉。

中北欧：温和理智的中欧咖啡

不像意大利人那么热情如火，也不像法国人那么浪漫似水，中北欧一带的人喝咖啡，喝得理智又温和，正像他们一板一眼的民族性一样。欧洲人的生活与咖啡，几乎已经密不可分，除了意大利和法国一带与众不同的咖啡喝法，从奥地利、瑞士、德国，以至于北欧几个国家，品尝咖啡的习惯与口味可以说是大同小异，他们深谙中庸之道，完全属于中浓度口味。

中北欧人在家煮咖啡，通常使用的大多是简便的手冲式滤纸咖啡壶，以及常见的家用电热咖啡壶。其中，滤纸冲泡咖啡法就起源于中欧，是德国人在本世纪初的发明，并在欧洲各国广为流传。但是营业场所的咖啡，由于需要大量快速供应，还是意大利咖啡机的天下，只不过使用的咖啡豆口味不同。这些国家的咖啡馆把咖啡、糖、奶三项分得很清楚，许多咖啡馆的价目表上都列着黑咖啡与加奶咖啡的不同价格，有些甚至连分量也列入价格差异的因素。

近几年来，北欧四国平均的咖啡饮用量一直名列全世界前四名，平均每人每年要喝 1 000 杯以上。他们对咖啡的钟爱，已经达到了痴迷的程度。

外国俊男美女的美容吃法

饭后应喝杯绿茶

尼古拉斯博士是英国一位著名的抗衰老专家，曾撰写了深受英国女性喜欢的《洁面秘笈》一书。他认为，美丽发自体内，即我们每天摄入的食物是使得我们看上去更美丽的关键因素。皮肤老化是吃糖和淀粉食物过多，生活方式不健康的结果。他最喜欢的美容食物是绿色沙拉、橄榄油、柠檬果汁。另外，他建议饭后喝一杯绿茶，因为绿茶里含有健康的酸物质和蛋白质。

多吃应季蔬菜水果

国际知名的时尚刊物《VOGUE》的前健康美容主编凯西

提示，千万不要偏好吃某一种食物，因为那样无疑会导致营养失衡；不要因为害怕长胖就完全拒绝含有脂肪的食物，要知道脂肪是我们皮肤中不可缺少的成分。除了多吃橄榄油、沙丁鱼、巴西坚果、杏仁外，我们应该多吃应季的蔬菜和水果。

吃哈密瓜防紫外线

著名的英国营养专家伊莱恩认为，Omega-3 脂肪酸可以帮助我们保持皮肤具有弹性和光泽，建议多吃富含这种脂肪酸的金枪鱼、芝麻、瓜子等。“维生素 C、E 是促进皮肤细胞再生的重要物质。柑橘类水果、草莓等含有很多维生素 C，深色多叶蔬菜、鳄梨含有很多的维生素 E，哈密瓜、南瓜等含有帮助阻挡紫外线的物质。”

多吃苹果保持皮肤年轻

《吃出美丽》一书的作者丹尼尔里解释说，其实很多人误认为美容食物一定需要很贵的才有用，但是事实上这种观点是错误的。“新鲜的苹果就是一种很不错的物美价廉的美容食物，因为苹果里面含有大量的水分、纤维等利于保持皮肤年轻的物质。另外，含有低能量、多纤维和胡萝卜素的胡萝卜也是不错的皮肤美容食物，胡萝卜还有助于牙齿健康。”

葡萄柚和奇异果是控油美白的首选

来自美国佛罗里达州的“阳光王子”葡萄柚，因为含有独特的维生素P，对于控制肌肤出油很有效果，自然能够给你带来舒爽的肌肤感觉。明媚的阳光说到底真是肌肤的大敌，加之那恼人的紫外线，让白皙的脸庞悄悄地变黑，真的让人头疼。而外表并不起眼的奇异果，因其含有超多的维生素C，成为美白水果的首选。

木瓜可以让肌肤吸饱空气

在选美王国委内瑞拉，美女们的肌肤总是那么清新有活力，皆因她们非常懂得善用营养丰富的热带水果——木瓜来保养肌肤。木瓜所含的木瓜酵素能促进肌肤代谢，帮助溶解毛孔中堆积的皮脂及老化角质，让肌肤显得更明亮、清新。想像一下肌肤饱吸清凉空气的快意——赶紧让自己大啖木瓜吧，可不要只记得木瓜对丰胸有好处，它能够帮你的肌肤排毒，让肌肤感受到由内至外的舒适。

各国美味早餐营养大挑战

不吃或少吃早餐

早餐的重要性毋庸置疑了，我们想让大家拥有一个良好的早餐习惯，能够多花一点时间放在早餐上，把晚餐的重要性降低一些，能慢慢地吃一顿丰富的早餐。尽量让各种营养均衡。但是这并不意味着要吃得很饱。早餐吃得太饱会适得其反，因为太多的血液集中到胃里，大脑可能因缺血而感到疲乏困倦。只要营养均衡，就达到了吃早餐的目的。要懂得过犹不及的道理。

维生素不足

糖分和油腻过多的早餐，可能会使人昏昏欲睡。有营养专家指出：25~40 岁女性的早餐应至少满足其每日所需维生素和叶酸的一半，特别是维生素 C 和铁。肉、肝脏、海带、木耳、菠菜、油菜可满足 50 岁以下成人每日所需的 20 毫克铁的需求量。维生素 B 则可从瘦肉、鱼、肝、全麦面包、土豆、花生等食物中摄取。维生素 C 可以从水果和蔬菜中摄取。

纤维和蛋白质摄入低

高纤维食品耐消化，容易让人产生饱胀感。谷类食品既含有纤维又十分美味，也有利肠胃健康。心脏专家也建议成年人每天摄入 25~30 克纤维。

蛋白质称得上是早餐中的首选，研究证实，富含蛋白质的食物容易让人满足，这便大大减少了热量的摄入。专家建议饮用一种牛奶或者豆奶的混合饮料。水果和全麦谷类食品、鸡蛋、烤面包，都是不错的选择。

水果和蔬菜含量太少

每个国家都有自己的特点，有些国家上班族的早餐质量太低，大多数人的确是为了节省时间不吃早餐，一直饿到中午才狂吃一顿。少部分虽吃早餐，但在匆忙中摄入水果和蔬菜含量太少，不怎么注重营养搭配，有时候不得不选择路边摊，喜欢喝瓶装的甜饮料，随便填饱肚子。但这种吃饱了的感觉可能是假象，因为它们很可能不够提供一天所需热量的30%。

只需要花一点时间，给早餐做个搭配，有面包、米粥等碳水化合物，有肉类、鸡蛋、牛奶等动物性食品，以及豆浆、新鲜蔬菜和水果。这样才算是有效的早餐。

德式早餐：咸面包与众不同

标准配置：煎鸡蛋、面包、蔬菜或水果沙拉、香肠或培根。

欧美的早餐有些类似，在德国差别也不大，有时间就去自助餐厅，但是比较贵。在家里吃比较常见的是果酱抹面包（咸面包较多）、煎鸡蛋、咖啡、果汁，蔬菜沙拉、水果沙拉任选。餐桌上有很多肉类，香肠或者培根，而且口味都比较重。

美式早餐：简单、普及，来势汹汹

标准配置：汉堡、牛奶、水果、麦片。

美国人的生活方式传染到世界各地，美洲、亚洲、澳洲的大多数城市人都向他们学习。上班族经常会选择途经的肯德基、麦当劳等快餐店买个方便的汉堡，拿着杯可乐、红茶或者橙汁就上班去了。

意式早餐：玩浪漫，受青睐

标准配置：咖啡、牛角包、意粉、坚果。

意大利人的早餐特别喜欢咖啡，咖啡是欧美大多数人离不开的东西，甚至喜欢黑咖啡。一般来说，可能早餐咖啡，午餐咖啡，晚餐还是咖啡。其实很多餐厅和咖啡馆早上都提供早餐，品种非常丰富，牛角面包、黄油面包、各种点心、果脯以及杏仁、榛子等坚果、奇异果和比萨。

泰式早餐：中国南方的影子

标准配置：泰式米粉。

在泰国，越是高档酒店早餐越相似，都是面包、水果、果汁等。而泰国人常吃的早餐是小摊、小店的牛肉米粉，有一种特制的黏稠状的汁儿，浇上之后美味无比。也有喜欢早上吃汤饭的，里面加上咸菜和花生，比较接近中国闽南地区的口味。

日式早餐：和中国最接近

标准配置：牛奶、米饭、咸菜和酱汤。

日本提出“一杯牛奶强壮一个民族”后，他们的国民整体身高增长了不少。注重营养的日本人早餐也有两种吃法，传统型会吃一些米饭，搭配咸菜和汤。忙碌的上班族没有时间准备的话也要吃两片面包，喝点牛奶。

早餐新说教：向南方人看齐，向美国人学习

“营养饥饿”的说法现在也不算新了，就是说早餐的营养不全面、不丰富。看了各国的早餐传统，大家需要向南方人看齐，花点时间吃早茶。他们的早茶从早上六点一直到中午十一点，有丰富的面食、米粉、小笼蒸、清水蔬菜，还有地道的甜品。大家悠闲地享受慢食的乐趣，把豉汁凤爪吃得干干净净，最后还会以双皮奶或姜撞奶收个尾。而美国人的早餐算是进化中的胜利品，它适合匆忙的上班族，花费时间短，但是有蔬菜、有牛奶、有碳水化合物、有肉类，非常全面。

各国新年吃什么

世界各地不少国家由于民族、文化、信仰、生活习惯不同，新年的饮食习俗也千差万别，各具特色，各有风采。

日本：除夕的钟声敲 108 下，人们开始吃长面条，他们认为，谁家的面条长，这年就会交上好运气。福气和幸运大小与面条长短有关。

新加坡：端出大盆年糕。当地人取“年糕”与“年高”之通，为“年年长高”祈祷祝福。

菲律宾：所有人家都要“举家齐动手，一齐做鸡饭”。该国人民素喜食鸡，最有趣的是，能夹得雄鸡头者，谓之“独占鳌头，报晓人家”；得母鸡头者，则意味着“多子多鸡（吉）”；即使是夹得鸡肋者，也会称之为“食之有味”；夹得鸡蛋者为

“圆圆满满”。

西班牙：“新年到，吃葡萄，12 粒，刚刚好”。他们祖辈相传：一年 12 个月，一粒代表一个月，葡萄是美好的食物，人们食之，可保月月平安，以祈岁岁吉祥，年年顺利。

意大利：家家户户大吃蜂蜜汤团。据说，蜂蜜汤团取意“生活富有、圆满、甜蜜”之意，过新年，谁吃得多，谁就幸福多。

巴西：山林盛产一种十分稀有的“金桦果”，国人视为幸福吉祥的象征。每到过年，当元旦钟声响毕，成千上万的人倾家而出，高举火把，轻哼小曲，拥向附近的山林。大家争先恐后地寻找和分享“金桦果”，以这种“特产年货”来互祝来年幸运如意。

希腊：过年时，全家围坐一起烤一个特大面包来分享。这面包里藏有一枚硬币，谁吃到它来年就会生活富有，幸福吉祥。

爱尔兰：新年食物相当丰富，里面藏着一些小东西，既可兆吉，又可卜凶。如蛋糕中有一枚戒指，象征着要喜结良缘；若是一颗纽扣，则代表学位到手。

美国：吃到卷心菜者来年可多得钞票，吃得鲱鱼者，其财产多得像鲱鱼一样数不过来。如大吃活鱼，则是希望自己和家人像活鱼那样灵活，取得成功。

印度：印度人在新年这天实行禁食，从凌晨直到午夜止，过了午夜各家才品尝准备好的饭菜，互相祝贺新年。

巴拉圭：南美州的巴拉圭把每年的最后五天定为“冷食日”只能吃冷食，一直到元旦零点钟声响起，才能点火烹煮佳肴，欢度新年。

法国：法国有一种说法，认为元旦家中如有剩酒，来年定交厄运。因此，他们宁可喝得酩酊大醉，也要将家中的酒喝个精光。

波兰：少女在过新年时，要穿上特别的兔形衣服吃青菜，据说吃了青菜会事事顺心如意。

秘鲁：秘鲁人在元旦之夜，全家人团聚在一起，等教堂零点钟声敲响时，便争吃葡萄，并力求按钟声的节奏，一颗颗地吃，但只吃十二颗。第一颗求安宁，第二颗求和谐，往下依次为快乐、发财、和睦、避难、祛病、生意兴隆、工作顺利、事事如意和相爱幸福。

伊朗：伊朗人在元旦之夜特别爱吃“七道菜”每道菜名称要以字母 S 开头，象征一家人全年吉祥。

匈牙利：匈牙利人过新年不吃禽肉，他们认为鸡鸭鹅等禽类有翅膀，吃了它，幸福便会随之“飞走”。

奥地利：奥地利人新年在一起吃团圆饭时，绝对不准吃螃蟹，他们认为，螃蟹是横行的，谁吃了它，就会给工作和家庭带来不幸。

越南：北方地区的一些少数民族，元旦夜要到平日取水的地方烧香、磕头，并打一桶水煮年饭。煮好后，先祭奠祖宗，然后全家吃年夜饭。吃这顿饭时，绝对禁止喝汤。他们认为，喝了汤，种下的庄稼就会受涝。

保加利亚：吃年饭一定要打喷嚏，这样会得到意想不到的好处。当地习俗认为，第一个打喷嚏的人会给全家带来一年的幸福。于是主人走向自己的农场，将自己首先看到的第一只羊，第一头小牛，或第一匹马驹牵过来，送给第一个打喷嚏的客人。

外国佳节假日也包饺子

有不少外国人与中国人一样，每逢新春佳节、喜庆假日，喜欢包饺子。虽说外国的月亮并不比中国的圆，可这些饺子的做法与吃法，还真是各具特色。

朝鲜饺子以牛肉为馅，并特别喜欢在牛肉馅里加上大量辣椒，包的饺子是半月形站着的。

越南饺子以鱼肉为馅，在馅里加大量橙皮、猪油、鸡蛋，包的饺子却与朝鲜的相反，一个个仰面朝天地躺着。

俄罗斯饺子馅里有牛肉、胡萝卜、鸡蛋、葱头，加盐和味精，通常还加一些辣椒末儿，做的饺子个头大。煮饺子用的是牛骨熬成的清汤，不过他们喝饺子汤才是第一道菜，吃饺子是第二道菜。

印度饺子用料、做法与俄罗斯饺子近似，只是个头比俄罗斯的饺子还要大，但不是煮着吃，而是烤着吃。

意大利饺子，干酪、洋葱、蛋黄是主料，有时也加一些菠菜、牛肉。另有一种是以鸡肉、干酪为主料，调料有黄油、洋葱、柠檬皮、肉豆蔻等。意大利人包饺子的方式很特别，把面压成一长条，一勺勺放好馅，面的边缘蘸上水，再用同样的一条面片合在一起压好，然后用刀一一切开。

匈牙利饺子，饺子馅是用果酱做的，连李子、杏、乌梅都可腌制做馅。包饺子的面粉要加两倍的土豆泥，吃时还要裹上炸好的面包茸。匈牙利人把饺子称为“皇帝饺子”，大概当年属于御膳吧。

墨西哥饺子以洋葱、牛肉、番茄、西芹做馅，饺子皮用手压成长方形，包好后放入用番茄、辣椒、洋葱煮好的调味汤里。跟中国人一样，他们吃罢饺子再喝汤，原汤化原食。

委内瑞拉饺子的馅是全世界独一无二的：当地产的白肥鼠肉，加入果酱及白糖等，用黑麦面做饺子皮，煮熟后拌以蜜糖果汁，即可送入口中。

西方人过圣诞节怎样饮食

圣诞节流行于全球，在12月24日这天晚上，多数欧美人一般都要相聚在一起，举行圣诞晚餐。晚餐餐桌上的食品种类繁多，其中最主要的一道菜就是必不可少的传统佳肴——烤火鸡。在西方人眼里，没有烤火鸡的晚餐就算不上真正的圣诞晚餐。

圣诞节吃火鸡源于美洲。据说在1620年的圣诞节，大批来自英国的移民抵达美洲的朴里毛斯山，由于当时这里除了满山遍野随处可见的火鸡外，几乎没有别的食物，于是便只好烤火鸡过节。火鸡的名字在英文中叫“土耳其”。因为欧洲人觉得它的样子像土耳其的服装：身黑头红。火鸡体大肉多，味道鲜美，营养丰富，胆固醇含量又低，因此受到西方人的青睐。

圣诞节吃火鸡便从此延续下来，成为一种传统。火鸡的传统做法非常简单，就是将火鸡的腹内装填各种食材，用盐和花椒末将火鸡里外充分涂抹，然后在烤炉中烘烤 3 小时左右即可。等烤熟后将整只火鸡端上桌，再用刀叉把烤好的火鸡切分享用。

有些西方人还习惯在晚餐的餐桌上摆一只烤整乳猪。英美等国人们还喜欢在猪的嘴里放一只苹果。据说这个习惯源于一些大家庭，因为只有大家庭才有可能吃得了一头猪。后来一些讲究排场的人在圣诞请客时便纷纷效仿。

另有些人在圣诞节的时候有吃鹅的传统，这个传统来自英格兰，传说在 1588 年圣诞，当打败海上劲敌西班牙无敌舰队的消息传到伦敦时，伊丽莎白女皇正在吃烤鹅，所以自此以后，英国人就在圣诞期间吃烤鹅了。还有一种说法是，由于以前从圣马丁节到圣诞期间的 40 天是斋戒的日子，因此圣诞第一天斋戒一结束，人们就烤上肥美的鹅“饿补”一通。

另外，圣诞拼盘也是节日餐桌上不可缺少的菜肴之一。圣诞拼盘的传统也有几百年的历史了。以前，在日尔曼人还不过圣诞的时候，圣诞节这段时间也是用各种面点当贡品祭祀神灵的日子。

除了吃肉，圣诞大餐还有红酒。圣诞红酒有特殊的喝法，在酒中加入红糖、橘子皮、肉桔、桔仁、葡萄干等作料，然后在火上一边加温一边搅拌，注意不可开锅，最后淋上一点伏特加。圣诞大餐的另一部分是甜点，当时，人们将自然界贡献给人类的各种特产都放到面点中，如果仁、李子、蜂蜜、葡萄干、杏仁泥或者是樱桃烧酒。最传统、最实惠的一种圣诞糕点就是一磅蛋糕，它是由一磅面粉、一磅奶油、一磅白糖、一磅鸡蛋加上一磅牛奶制作而成的。甜点一般在圣诞节前夕就开始准备了，一家人坐在一起制作，孩子们也最爱参与这类他们觉得有趣的事。因为圣诞糕点可以按照他们喜爱的形状和味道来做。瑞典语系的国家在做圣诞糕点时，有一个类似于中国人包年夜饺子的习俗，就是在杏仁味的糕点里，故意放一颗完整的杏仁，谁要是吃到唯一的一粒完整无缺的杏仁，谁就是新年的幸运之神。幸运之神当然是得奖品的，北欧人奖给幸运之神的经常是个带着红蝴蝶领结的小猪型大饼干；在荷兰和德国则是小黑人彼得，大小有一个手掌那么大。可见，在西方吃圣诞大餐不仅可以一饱口福，而且还可以领略一种极具情趣的饮食文化。

各国过圣诞节的饮食习俗也不尽相同。澳大利亚人习惯在圣诞节的晚上带着饮料到森林里举行野餐。人们用石头垒起露天灶，架上枯枝生火，上面架一块铁板，把香肠、牛肉、鲜鱼等放上去煎。吃饱喝足后，就跳起“迪斯科”和“袋鼠舞”，一直要闹到深夜才结束。

在意大利，虽然平时已吃好喝好，但过圣诞节时，那才真叫大吃大喝，山珍海味，美馔佳肴，玉盘珍馐，应有尽有，是饕餮之徒大显身手的时候。

在丹麦，当圣诞大餐开始时，人们必须先吃一份杏仁布丁，然后才能开始吃别的东西。

在法国，生性浪漫的法国人喜欢在 12 月 24 日的晚上载歌载舞，伴着白兰地和香槟酒的浓郁酒香，一醉方休，醉度圣诞。

在英国，英国人除开怀痛饮啤酒之外，还喜欢去异地旅游。比较保守的家庭则在圣诞前夜合家团聚。

在德国，一向比较严谨的德国人都要开怀畅饮啤酒和白葡萄酒，吃甜食、酸食、酸猪蹄、啤酒烩牛肉、奶制品和各种生菜。

洋火锅也能诱惑你的胃

日本迷你火锅

这种日本迷你火锅在日本又有“涮涮锅”或是“一人天地”之美称，它是由微型小锅盛高汤，加入豆腐和番茄以及香菇等，并且另外加一碟肉，自吃自添，尤其适合于单身火锅迷一人享用。

日本的纸火锅

这是近两年来在日本新兴的一种火锅，其使用非常简单，人们在旅游、出差及休闲时均可品尝。这种新兴的纸火锅不漏不燃，其主料和汤料均用特制的纸包装。在这种火锅中加水点燃后即可食用，而且其味道鲜美无比，食时别有一番情趣。这种纸火锅的作料组成是日式高汤和淡酱油以及味精汁等，还配有牛肉片、鱼片以及鹿肉片等。

日本锄禾火锅

这种火锅主料有牛肉片、鸡片、虾片、鱼片、猪排肉、猪腰片以及明虾等，配料有粉丝、鱼丸、菠菜、洋葱和色拉油等，其具体的食用方法是先点燃平底锅，等油烧热时将菠菜和洋葱等放入锅中拌炒至八成熟，再放入白菜梗同炒，加入白糖和酱油，待全部炒熟后再把自己喜爱的各式主料加放到锅中煎熟，一边食用一边煎煮，吃到一半时，再加入一些鲜汤煮熟，加作料后再在鲜汤内涮以主料食用。除此之外，日本还有日式姜汁牛肉锅、日本海盐山水锅、日式清汤锅、冬季火锅、拉沙斑头腩汤锅、胡椒根猪骨汤锅等，它们各有各的功效，有的可驱风健脾、有的可滋润开胃、有的可强骨补钙等等。

意大利火锅

该国火锅的主要原料是牛肉片、火腿、猪排肉和虾仁等，配料有菠菜、洋葱以及黄油等。人们在吃火锅时，先将火锅烧热，然后再将菠菜和洋葱放入锅内煮一下，稍后再放火腿、鸡片和猪排肉等，待开始吃的时候再放入虾仁等海鲜产品，以保持火锅的鲜香味。

韩国火锅

该国最传统的火锅就要算是“石头火锅”了，大有“辣死人不偿命”的韩国风情。在这种火锅的底部放的尽是辣椒油和辣椒粉等辣味调料。上面盖满了肉块和肥鸡块，吃时会辣出大汗、眼泪，真可谓“辣死人，乐死人”。

朝鲜火锅

该国的火锅以“酸菜白膘”为标准，以木炭火煮食，熬的汤为海参汤。酸菜在冬季用盐水浸泡，滤干腌泡而成，而所用的白膘肉即是五花肉煮熟切成片或是蒸过一遍后去除油腻，吃时再配以血肠、蛤蜊等，朝鲜火锅的这种吃法虽说比较原始，但吃起来却十分爽口。

泰国冰炭火锅

泰国地处热带，在曼谷气温常是摄氏 33 度上下，尤其在 4~6 月间，天气更是炎热，而街上却常见“火锅”店，大热的天，有许多人围着一个火炉吃“火锅”。只见一盘盘牛肉片、羊肉片、鱼蛋、鱼片、鱿鱼、豆腐、生菜、粉丝摆满餐台，人们蘸着很辛辣的辣酱大吃起来，吃得津津有味，并不感到燥热，这时餐厅通常会把空调冷气调低温度，使餐厅温度维持在10度以下。泰国人在比较正式的宴席中，喜用“火锅”，这是泰人的爱好，一边吃“火锅”一边喝“冰茶”和冷饮，说这是“冰炭结合”，并以此为口福，别有一番情趣。

印度火锅

该国最为著名的火锅要首推“咖哩火锅”其所用作料是本土的特产咖哩、番叶、椰子粉以及香料等，涮的东西有鱼头、草虾、鸡肉和牛肉等，锅底还可为米粉提供汤料，有尽吸原汁之雅趣。

瑞士奶酪火锅

在瑞士的多种火锅中，其奶酪火锅先是将奶酪放进锅里，待其熬成液体状后再加入一定数量的白酒和果酒，吃的时候要用长柄的叉子将一块法式的面包叉起来，放进锅中再拿出来吃。这时的面包又热又香，吃起来特别的爽口宜人。就这样一边烧一边蘸一边吃，直到火锅中的液体奶酪快要烧干烧焦时为止。一些嗜食瑞士奶酪火锅成性的欧洲人，一次甚至可以吃上二三十块蘸有液体奶酪的面包。

瑞士巧克力火锅

这是一种很受瑞士女孩子们青睐的火锅，它的食用方法和奶酪火锅差不多，事先将巧克力放入锅中熬成汁，再用长柄叉子叉着水果片，蘸着锅中的巧克力汁一片一片地吃，一直到火锅中巧克力汁蘸完为止。因为这种火锅在吃起来的时候别具一番情趣，因而其在瑞士也颇受青年恋人们的喜爱。

布吉尼奥纳火锅

它不像火锅，更像一个烧烤炉。人们围坐而席，中间置放一只用固体酒精加热的不锈钢油锅。通常是牛肉块、鸡肉块、羊肉块、明虾块，再加上诸如蛋黄酱、海鲜酱、芥末酱，甚至茶末、咖啡等各种作料。吃前先将肉类或海鲜块腌一下，再叉好放入油锅中快速翻炸，一直炸到外表金黄酥脆、里面初熟时就可以吃了，口感非常鲜嫩。

如此简单的美食却能幻化成如此之多的种类，真是让人叹为观止。就算只是欣赏，也足以令我们大饱眼福了。原来能把简单的食材加工成各式美味，才是饮食的最高境界。

昆虫食品：外国饮食新时尚

昆虫可食，古代欧洲早已有之，据统计，世界上已发现500多种可食昆虫。如今发展有昆虫佳肴、昆虫西饼、昆虫小吃、昆虫泡酒和昆虫罐头等食品。

昆虫食品在许多国家十分流行。在亚洲，泰国人喜食从地下挖出来的水蝽，拌着辣椒吃，味美可口。尼泊尔人把蜜蜂幼虫肚里的液体压出来炒着吃，像炒鸡蛋那样。印度人吃蜈蚣，印度尼西亚人烘烤活蝴蝶，这些都属各地名菜。日本在本世纪初就有50多种可食昆虫上桌。在非洲，喀麦隆居民捉棕榈树蛆炒洋葱，再撒上盐和胡椒粉，放进椰壳里用文火煮，当做佳肴招待客人。安哥拉有些民族嗜吃白蚁、天蚕蛾和象鼻虫。在美洲，哥伦比亚首都满街兜售油炸蚂蚁，撒上盐，他们把这些当做休闲食品。墨西哥号称“食虫之乡”，在那里可以尝到300多种昆虫食品。

目前，美国、法国、日本和澳大利亚等发达国家，都设有形形色色的昆虫餐厅，顾客盈门，生意兴隆，特别能吸引好奇的国际游客前往品尝“怪”味。美国有专门经营虫餐的餐馆，例如主餐前开胃小吃是烩米虫、椒盐蜂或煎草蜢。等你把这些东西吃下肚后，紧接着是汤，汤内有菜末和蟋蟀，一匙下去有好几只小虫，十分鲜美。然后是主菜：松炸蝗虫或甲虫和洋葱、番茄、碎杏仁。酒是薄荷巧克力拌蟋蟀泡酒，或金龟子葡萄酒。

许多昆虫学家认为，昆虫繁殖快、高蛋白、低脂肪、低胆固醇、纤维少，易被人体所吸收，因此，昆虫食品是人类的理想食品。他们预测：昆虫餐的发展前景十分美好，或许将成为21世纪的食品新潮流。

让人瞠目的美式“AA”制

“AA制”是大家非常熟悉的埋单方式。尽管风度翩翩的你偶尔也会潇洒一把，将账单全包下，挑战朋友们的尖叫声分贝，但更多时候，“AA制”却不失为一条科学的“上上策”。

其实“AA制”来源于英文：go dutch。

荷兰俗称“郁金香王国”和“风车王国”，美丽的郁金香和充满“激情”的堂吉诃德为其打下了烙印。但你是否知道，英文中有这样一句俗语“Let′s go Dutch!”中文的意思即为“AA制”。“AA制”，它是英文“Algebraic Average”的缩写。意思是“代数平均”。意思可以从字面看出：就是按人头平均分担账单的意思。按传说中的“八卦”说法，荷兰人天性“吝啬”，无论做什么都会同对方算得清清楚楚，且十分推崇“AA

制”。于是，富有幽默细胞的美国人就把“让我们去做荷兰人”引申成为今天的“AA 制”。

荷兰人常开的一个玩笑能充分反映他们的性格：有些荷兰人会问你“知道铜丝是怎么发明的吗？”，他们会解释“两个荷兰人在路上捡到了一枚硬币，都认为是自己最先发现的，于是相互争抢，最后把它拽成了铜丝”。这个故事充分说明了荷兰人的性格，但是，其实荷兰人并不认为这有什么不好。反映在平时工作生活上，他们开诚布公、性格耿直、乐于发表自身看法、做事情计划性强、有经济头脑，还富有幽默感。

然而，美国人的创意无处不在，即使是据为己有的“AA 制”也蕴涵着美国人特有的精神，他们认为“AA 制”有助于人们培养意识上“为自己埋单”的责任感。因为每次的消费都要亲自负责，美国人逐渐产生了良好的独立意识。“永远不要侥幸有人为你埋单”，全体美国人都这样认为。有赖于这样的培养方式，独立、负责的个性似乎已经成为了美国精神的“经典部分”。

美国人独立负责的个性确实让他们得到很多财富与机遇，“AA 制”的时刻提醒，使得他们效率惊人、恪尽职守、独立自主、勇敢果断。美国对国民的教育就是从“AA 制”开始的。

现在“AA 制”已在全世界流行起来，这个蕴涵智慧的计算法传递着简约、科学的理念，为人类的生活带来便捷。

在西方一些国家，不论是朋友聚会还是同学聚会，都实行

“AA”制。他们认为，既然大家都喜欢聚会，而且聚会可以得到快乐，但聚会的各方面的条件不相同，让某个人出钱是不好的。还是实行“AA”制好，这在西方国家和我国现代年青人中已是很普遍的现象了。

一位旅居英国多年的朋友讲述了一件事，使人感到不可思议。她的一位姐妹与英国当地的男士恋爱多年，终成眷属。新娘在英国只有她们这些朋友，在旅行结婚回来后，请了这些朋友，在伦敦唐人街的饭店里订了一桌婚宴。大家为新娘在英国能百年好合而庆贺，各自纷纷提前准备了礼物，在婚宴上送给了幸福的新娘。

婚宴结束时，老外新郎请服务生埋单，共500英镑，新郎在埋单盒里仅放了100英镑，一群女生们你看我、我看你，突然明白了。AA制，今天也是AA制，于是剩下的400英镑大家迅速凑了起来。这下可为难了这位中国新娘，出于对新郎的尊重，新娘当时也没说什么。但本来喜形于色的新娘，在婚宴结束时，变得一脸尴尬。

这是在西方国家发生的一件很正常的事。在外国人的思想里，婚礼本来就很简单，出去度了一场蜜月，回来后请大家一块聚聚。我邀请你吃饭并不代表我埋单，只是我是发起者，大家各付各的，谈得来以后还可以常来常往，谁也不欠谁的。

在一个阳光明媚的下午，一对英国老夫妇安静地坐在一家咖啡店里喝咖啡。他们看起来慈祥和蔼、相亲相爱，牵着手窃窃私语，使人感受到了人到老年，夕阳无限。但后面的情景却令人目瞪口呆，两杯咖啡最多也就 8 英镑，但临走时他们很自然地各付各的悄然离开了。

这就是西方文化，作为一个东方人是不太能理解的。经常看到他们相见时非常有礼貌，极为讲究礼节与客套；在公众场合女士优先，男士对女士表现得非常绅士，这是他们从小接受的教育；相互之间的语言表达彬彬有礼，很少冒犯；朋友间、家人间聚会通常是 AA 制的。其实这也是西方人的一种美德，而且这种美德也在渐渐被东方人所接受。

老外在餐厅用餐时，他们吃完饭时的举动特别有意思。每当他们叫服务员来结账时，他们会各自摸自己腰包，等服务员来报账单时，他们马上算出自己该出多少钱后，每个人都会把自己的那份拿出来，包括零钱，合在一起，数清楚一并交给服务员后，各自收起腰包，神态怡然、有说有笑地离开餐厅。

这就是西方人，不但遵循着自己的文化，也在影响着我们很多东方人。我们也不只在一味适应，也在不知不觉中欣然地接受着，接受的不止是“AA 制”，而更多的是一种文明、节俭的习惯。

美国人一日三餐都吃啥

美国不太讲究“吃”的艺术，但却是一个食品丰富且价格相对低廉的国家。美国各地有许多专售食品的超级市场。在美国一家普通的超市内，十几行长达近百米的高高货架上，一层层分门别类地陈列着各种新鲜、干净的食品，从鸡鸭肉蛋到生猛海鲜，从糖果糕点到蔬菜水果，琳琅满目、应有尽有。如果经过一番比较，人们发现这家超市的价格比同类市场要低，顾客便会纷至沓来、络绎不绝。周末和节假日的生意尤为红火，市场外面比足球场还大的停车场上，汽车停得满满的。人们一买便是满满一推车的食品，足够一周享用。附近还有一种普通、价格更为便宜的食品市场，东西质量不错，虽谈不上包装，人们也会购买。每到周六下午5时左右，货物便成筐整箱地低价出售，5美元可以买到一大箱水果，2美元可以买一筐蔬菜。

当然，并不是所有的美国人都到上述两种市场采购食品。据一位美国朋友介绍，他专门去一个主副食商品市场购物，那儿的动植物食品均未施用过激素等催化剂，因而健康且味道纯正。此话不无道理，我们从普通超市买回的鸡肉、猪肉，吃起来总觉乏味，有些蔬菜、水果虽个头大、色泽美，但味道不好。有些高级市场东西虽好，但价格较贵，约比普通市场贵20%~30%，甚至50%，普通百姓不敢问津。

美国人无心研究烹饪技术，更不乐意刷锅洗碗，而是喜欢上饭馆。美国是由移民组成的国家，世界各个民族均将自己的饮食文化带进这片土地，各式餐馆竞相争艳。在马萨诸塞州的剑桥市中心附近不大的地盘内，就有法国、意大利、巴西、印度、日本以及中东各国的餐馆。中国餐馆更为普遍，竟有十多家。据说，一度中国菜的“风光”大有超过法国菜的趋势，而且美国各式餐馆的价格不高，工薪阶层尚能承受得起。如在一家海鲜馆吃一顿午餐：一份鱼汤、一盘主菜虾、鱼或其他海鲜、两份蔬菜色拉，8 美元就够了。如果在 11:40 分之前进餐馆，还能享受 10%的减价优惠。中餐馆的价格也还适当。12 个人点十来道菜，连同小费共花费 110 美元，人均不到 10 美元。星期六和星期日，专门供应豆浆、油条、烧饼、面条之类的中国风味小吃，价格也不算贵，颇受中美人士的欢迎。

平时，美国人和中国人一样，也是一日三餐。不同之处在于我们提倡早晨要吃得好，中午吃得饱，晚上吃得少；而美国人则是晚饭吃得饱和好，早、中两餐则甚为简单。他们早餐一般是喝杯橙汁、牛奶、咖啡或茶之类的饮料，吃片面包或点心，有的夹些火腿、香肠、鸡蛋。时常会看见一些美国人早上手中端着一杯咖啡匆匆忙忙地去上班或上课。午餐更是简单，吃一个三明治，再加个水果便解决问题了。有的人则喜欢吃比萨饼，也有的人花四五美元吃顿工作餐。晚餐则比较正规、丰盛。有汤、肉食、蔬菜、点心、冷饮、水果等。当然，节日聚餐要丰盛得多。美国人的感恩节家庭聚餐，一般先要上一个烤熟的火鸡，由主人切好，送到大家面前，再配上玉米、南瓜和蔬菜等。

美国人在家招待朋友也很简单、随便，比较务实，不讲排场，不摆阔气。他们并未像我们想象中的那样七个碟子八个碗地摆上桌，而是从外面买几个三明治，自己准备一大盘饺子、一盘蔬菜沙拉、每人一杯茶，仅此而已，简单实惠。有些美国人宴请朋友时，从餐馆买来带有美国南方风味的熏鸡、熏猪排、蔬菜沙拉和由红薯粉与栗子粉混合制成的甜点款待朋友。

在美国街上经常会看到不少大胖子，甚为惊讶。据美国人说，美国人胃口大，吃得多。越吃越胖，越胖越吃。其实，美国餐饮业给顾客的饭菜量均大于国内。用餐时要两份炒饭，往往两个人吃不下，只好三个人享用。

据说，美国的胖人中多为穷人。因为穷人缺少运动器械和设备，而且往往不注意控制饮食。富人则比较注意控制饮食，选用低脂肪食品，经常进行体育锻炼，因而能够保持健康适度的身材。中国传统上往往把“胖”视为富裕的标志，而美国的情况恰好相反。

世界首富的“抠门宴”

2006年4月18日到21日，中国国家主席胡锦涛对美国进行国事访问。国家主席胡锦涛18日首站抵达美国海港城市——西雅图，参观访问微软总部，展开首次美国之行。这也是近10年来中国国家主席对美国进行的首次国事访问。微软总裁比尔·盖茨亲自率员工对胡主席表示热烈欢迎。胡锦涛此行的首场晚宴将打破惯例，做东的主人不是美国总统布什，地点也不在美国首都华盛顿，而是在全球首富、微软公司董事会主席比尔·盖茨的私人豪宅。

这场普通民众难以一窥的盛大晚宴，这个拥有五百亿美元财富的世界首富拿什么来宴请世界上人口第一大国，和微软公司甚至美国有密切利益联系的中国国家主席呢？这个问题受到外界的广泛关注。

比尔·盖茨耗资近一亿美元的府邸占地6 130平方米，有7个卧室、6个厨房、24个浴室、1个穹顶图书馆、1个接待大厅和1个养殖三文鱼及鳟鱼的人工湖。这次宴请胡锦涛主席，获邀出席的宾客包括华盛顿州州长格雷瓜尔等约100人，都是美国太平洋西北部的政商精英。但晚餐却只有三道菜：烟熏珍珠鸡沙拉、黄洋葱配制的牛排或大比目鱼配大虾（任选其一）、牛油杏仁大蛋糕。盖茨晚宴餐单上还标明使用2002年及2003年份的两种葡萄酒。

所谓的“三菜”，说白了就是鸡肉、牛肉或者鱼虾和蛋糕，用三菜宴请胡主席以及政商精英，不能说是盛宴。选用的两种酒也非常普通，只值十多美元。倘若用我们惯用的思维考虑：比尔·盖茨似乎太小气了，与其身份、占有的财富极不相称。

Θ 比尔·盖茨，微软公司的董事长，身价500亿美元，2006年蝉联世界首富。这位世界首富，钱多到可以买31.57架航天飞机，或者344架波音747。他的资产全部换成面额1美元的钞票，这些钞票连成一线，长度是地球和月球之间距离的18倍多。

一些国人对此诧异了：世界首富接待如此尊贵的客人，竟然仅仅是简单的鸡肉、牛肉或者鱼虾和蛋糕。盖茨先生是不是有点“抠门儿”呢？也有人说，这就是盖茨的吃喝哲学和人格魅力，并延伸出“外国式的节俭”。

据了解，阿拉斯加冰冷纯净的北太平洋海水中有大比目鱼、斑点大龙虾和鲽鱼等，都是新鲜味美的海产食材。阿拉斯加海产富含各类维生素和钙、铁、锌、镁、磷等微量元素，以及可以降低冠心病和某些癌症发病率的不饱和脂肪酸，脂肪含量低、营养丰富，肉质细嫩、具韧性、口感上乘，并有着独特风味。阿拉斯加比目鱼和斑点大龙虾是盖茨晚宴大菜的主材。厨师选用简单直接的煎扒方式制作，将大比目鱼扒鲜嫩甜美的自然美味尽情释放，再配合精心配制的味料，加上香脆的蒜片，营养丰富、香气四溢。

两种葡萄酒虽然非常普通，只值十多美元，但它产自华盛顿州的优质酒庄，属中上等的葡萄酒，两种酒在市场上都很出名，也很受欢迎。正如比尔·盖茨的解释：由于华盛顿州气候比较清凉，酿制的酒质香醇均衡、果味充足，加上红酒配牛肉，白酒配海鲜，处理十分适当。比尔·盖茨不追求名牌靓酒，推崇民族品牌，选用自己所在地的美酒宴客，务实态度十分明显。

盖茨宴请胡主席的甜点很特别，是用大黄和杏仁粉烘焙而成的蛋糕。初次看见用大黄制作点心还真令人吃惊。大黄含琥珀酸，味酸清口。以它切碎做馅，烘制蛋糕，酸甜爽口，味道别致。追索大黄渊源，如今美国人能吃上大黄，还真得感谢中国老祖宗。中国人在公元前二千七百多年就开始种植大黄，但四千多年来从未想到过用大黄做蛋糕。今天让大黄上了世界首富宴请中国领袖的餐桌，这样的巧合不知道是不是比尔·盖茨的苦心。

饭菜简朴，不代表“礼轻情不重”，其实在西方文明发达的国家，招待贵宾，特别注重的是礼仪，功夫往往在饭菜之外。在美国，国宴上菜不超过四道。“衣，不过是遮体；食，不过是充饥”，在西方国家，主人用一杯葡萄酒，一块面包，外加几块牛排、水果招待客人，那是司空见惯的事。比尔·盖茨宴请胡锦涛主席以及美国太平洋西北部最有权势的政商精英们，属于“家庭宴会”，倘若按照西方人的思维看，“三菜”也属于“盛宴”了。应该说，吃饭崇尚简约，是西方发达国家的一种习惯，也是一种文明。

《左传》有句话：“侈，恶之大也。”毛泽东早就指出：“贪污和浪费是最大的犯罪。”吃饭讲节约不是不要人们吃好喝好，为节约而勒紧腰带，而是提倡适度消费、文明消费。比尔·盖茨用“三菜”宴请贵宾是一面镜子，在吃上，我们也要吃出节俭、吃出文明。

墨西哥人无论穷富都嗜辣

墨西哥人爱吃辣椒在世界上是有名的。在墨西哥，无论是城市还是乡村，无论是普通人家还是豪华酒楼，餐桌上都少不了辣椒。

墨西哥人吃辣椒花样百出。把辣椒做成调味汁佐餐是最普遍的一种方法，当地人把这种调味汁叫“萨尔萨”。不管早餐、午餐还是晚餐，餐桌上都放着萨尔萨。萨尔萨的主料虽然都是辣椒，但由于配料不同，味道和颜色都不一样。最常见的是绿色和红色萨尔萨。绿色萨尔萨是用绿辣椒和一种绿番茄加上香菜、葱头等做成的。这种萨尔萨辣中透出一股清香，辣而不燥，沁人心脾，开人胃口。红色萨尔萨是用红辣椒加红番茄等做成的，香辣俱全，味道醇厚，当地人也把它叫做“墨西哥萨尔萨”。为什么叫“墨西哥萨尔萨”？墨西哥朋友说，因为这种凉拌辣椒是绿、白、红三种颜色，跟墨西哥国旗的颜色一样，所以叫“墨西哥萨尔萨”。

“莫莱”是墨西哥最有名的一种做菜用的调味酱。它是用辣椒加巧克力、玉米、各种果仁、香料等做成的。是烹制肉类菜肴不可缺少的一种调料，如莫莱火鸡、莫莱牛肉。莫莱的颜色主要有酱红色和绿色两种。酱红色的味道醇厚，绿色的味道清香。在墨西哥，普埃普拉和瓦哈卡两州的莫莱最有名。首都墨西哥城市郊的米尔帕阿尔塔村每年都举办规模盛大的莫莱节，据说展销的莫莱有百余种之多。

泡辣椒也是墨西哥人最爱吃的。最常见的泡辣椒是用绿辣椒泡的。有的泡辣椒也放一些胡萝卜和葱头等蔬菜，绿、白、橙相间，色彩艳丽。就餐时吃点儿泡辣椒，既开胃，又解腻。美国来的麦当劳、肯德基甚至也不得不入乡随俗，汉堡包里夹上泡辣椒出售，以迎合墨西哥人嗜辣的口味。

在墨西哥，最简单的吃辣椒的方法就是干吃。这种吃法据说源自农村。农民在野外干活，饿了，在地里揪几个辣椒，就着玉米饼，就是一顿饭。现在，这种吃法也传到了城里的大饭店，只是把整个的辣椒洗净切成了块，放在漂亮的小碟子里罢了。

据说辣椒是墨西哥古玛雅人培育出来的，在世界上当属最早，后来由西班牙人传到世界其他地方。因此500年前西班牙入侵墨西哥时，一位西班牙修道士看到阿兹特克国王吃的菜肴中就有许多用辣椒做的菜。比如红辣椒烧鱼、绿辣椒田鸡、红辣椒龙虾、番茄辣火鸡等。

在墨西哥，无论在大城市的公园里，还是在偏僻乡村小镇的集市上，都可以看到小贩们把芒果、甜橙削皮，插在一根小棍上，蘸上一层红红的辣椒粉，大声叫卖；游人们则一个个举着蘸满辣椒粉的芒果或橙子，吃得满嘴通红，津津有味。

巴西民间菜肴名扬世界

巴西烤肉更多的是原始和土著的风味。据说这种饮食方式发源于巴西最南端，相传当地以放牧为生的高卓人经常聚集在篝火旁，烘烤大块的牛肉分而食之，后来这种烧烤方法传播开来，成为巴西独特的美食。在众多巴西烤肉中，烤牛肉是民间最受欢迎的一道菜，也是巴西上层社会宴客的一道国菜。烤牛肉不加调料，只在牛肉表面撒点食盐，以免丧失原质香味，炭火一烤，表层油脂渗出，外面焦黄，里面鲜嫩，有一种特有的香味。多汁鲜嫩的牛肉、猪排、羊肉、鸡肉、海鲜及香肠，由打扮成牛仔的服务员，带着烧烤架送到食客桌前。巴西烤肉的调味料主要有沙拉酱、酸甜千岛汁、微辣的法国汁、清爽的它它汁，这些调料让巴西烤肉吃起来更加美味鲜嫩。

巴西烧烤本应和世界杯一起热起来的，无奈7月流火，人们谈“烤”色变。但有一个细节人们却记住了，在夺得世界杯后，巴西球员集体享用巴西国菜——烤肉，以示庆贺。时间可以带走光荣，但缅怀却愈演愈烈，于是人们发现，在秋冬天凉的时候，巴西烧烤渐渐热起来了。巴西烧烤代表了十足的拉丁风情：不拘一格、活力四射。走进巴西餐馆，你已经无法再次见证那种粗犷的风格及篝火边的原始风味，但你能享受到的除了原汁原味的巴西烧烤之外，还有浓浓的巴西风情——在一个装饰最具风土味的地方，墙上挂满了关于异国狂野的壁画。一个又一个高大威猛的巴西侍应生不断地穿梭在你身边，他们高高举着长长的烤肉叉，大块大块的牛肉串在叉上。小伙子走到你面前，你可以根据自己的喜好，要一片三角肉，点一客里脊，再来点香肠。熟练的牛仔们手起刀落，你的盘子里不一会儿就装满了美食。然后你可以随着热情奔放的拉丁音乐，沉浸于异国风情之中。一边品尝异域的饮食文化，一边回忆在绿茵场上让人热血沸腾的桑巴舞。

今天，吃巴西烧烤的方式已经完全不同。侍者们一手拿着插着不同肉类的长铁扦，一手拿着很大的切肉刀来到你的面前，顾客可以根据自己的喜好，选择不同品种和不同生熟程度的肉类，侍者会为你用刀切下一片片薄肉，直到你吃到满意为止。坑炖羊肉也是一道脍炙人口的菜肴，近几年异军突起，其特有的烹制方式和乡村风味风靡全国。

巴西烤肉一向是和自助餐分不开的，吃完烤肉，还可以品尝到新鲜脆嫩的沙拉、水果及精美的糕点。更重要的是，在吃的过程中，还会有热情的巴西歌手在台上为你歌唱，有时候他们还会走下来，在你的桌前和你一起跳舞，在洋溢着拉丁风情的桑巴舞曲的背景音乐声里，看着侍应生踏着舞曲的节拍把刚从烤架上取下来的香喷喷的烤肉送到桌前，令人恍如置身于南美洲。

巴西有很多的快餐店，绝大多数在饭店门口都标明就餐的价格。这就是巴西特色的“奴隶饭”。同烤肉比起来，巴西的“奴隶饭”可算是大众快餐了。在这种快餐店里有很多品种，有各式主食、蔬菜、水果等，选好后再去称重，按重量付费，而不管你自选的是西瓜，还是烤鱼或是烤肉。“奴隶饭”这名字不好听，可是，吃起来味道还是不错的。

很多人都对他们烤制的三文鱼赞不绝口。味道鲜美，肉质可口，再来一杯新榨的橙汁，这么好吃的快餐，真不应该叫做“奴隶饭”，若是每天都能吃到这样的饭菜，恐怕人们都宁愿做奴隶了。问起这名字，据当地人介绍说，很久以前，一个奴隶主发现他的奴隶的脸色看起来越来越好，身体也在逐渐地强壮。他就纳闷，这奴隶最近也没闲着，活也没少干，这是怎么回事呢？奴隶主就偷偷地暗中监视奴隶的一举一动，原来，奴隶每次都是将主人剩下的饭菜再自行加工，就成为了今天的“奴隶饭”。后来，逐渐推广开来，并流传至今，发展成为人们生活中极为普通的快餐。

阿根廷人端着马黛茶壶走天下

“阿根廷人爱喝马黛茶，端着茶壶走天下……”，这是阿根廷人举办马黛茶节时播放的一段歌词。据统计，阿根廷全国约90%的家庭有喝马黛茶的习惯，而且是每天必喝。有的人甚至说：“不喝马黛茶简直活不了。”的确，无论是走在街头、公园或坐在办公室里，还是在足球比赛的观众席上，或在乘飞机、火车和长途汽车的旅行途中，到处可以看到阿根廷人端着茶壶津津有味地喝着马黛茶。

阿根廷国民的血液是世界各国医学专家公认的最优良的血液，据说，这与阿根廷人民长期饮用马黛茶有关。第一次品尝这种茶，觉得苦味挺重，也许能清热解毒吧。他们认为，马黛茶含有多种维生素，可以帮助消化，并可改善血友病、高血压、糖尿病、胃溃疡，也是瘦身、解酒、消除疲劳、美容养颜及促进新陈代谢的最佳饮品。也有人说它能防癌。

马黛茶叶由生长在拉普拉塔河流域的一种常青灌木上的嫩叶烤晒制成。加工制作方法与我国茶叶加工大致相同。阿根廷东北部气候湿润，阳光充足，红色含有矿物质的土壤很适合这种植物的生长。由于马黛树只适于在大西洋东南方生长，因此马黛茶树愈发被阿根廷人重视，并被视其为国宝。“马黛”的原意是“杯子”，是用一种瓜瓢来制作的茶罐，所以称这种茶为“马黛茶”。这个茶罐，确切地说是一种葫芦，根据它的形状，人们给它们起了一些特别的名字，如扁葫芦、小葫芦、梨形葫芦等。

阿根廷人说，使用什么样的茶壶招待客人，比喝马黛茶本身更重要，就像西方人待客讲究餐具一样。一般平民百姓使用的马黛茶壶大多是竹筒或葫芦挖空制成的，壶上没有什么装饰。而高档的茶壶则是一种艺术品，做工精致，有金属模压的；有硬木雕琢的；有葫芦镶边的；也有皮革包裹的；还有牛角磨制的，形状千奇百怪，以怪为贵。壶的外壁刻有马头、鹦鹉、山水、花鸟、天使等各种图案，有的被视为“带来好运”的祝福，有的象征“怀念”或“友谊”。商店里陈列的高档茶壶还镶有各种颜色的宝石，在灯光照射下发出五颜六色的光彩。来到阿根廷的外国游客都喜欢买个马黛茶壶带回去留个纪念。

饮用马黛茶的方法有两种：一种是新鲜的马黛草叶，另一种是经过加工制干的马黛草叶和粉末；然而，泡煮马黛茶的方法却数不胜数。例如：有不加糖泡煮的马黛茶，又被称作苦茶；有加糖和甜品泡煮的马黛茶；加甜品的马黛茶中，有人喜欢放一勺咖啡粉，也有人习惯于加一块橙皮或几片香草，再加少许糖焦使它微带甜味；还可以用热牛奶代替水放入煮好的茶中，或在茶中加点方糖和打出许多泡沫的蛋黄浆。

在上个世纪，饮用马黛茶的习俗在乡镇村野已是根深蒂固。一位神父在他的一本记载民俗的笔记中写道：“它的饮用是这样广泛，无论你落宿何方，哪怕是茅屋陋室，只要喝一杯马黛茶，你就会疲乏散尽，气爽神清。如果你口渴，马黛茶可以让你生津止渴；如果你出汗，马黛茶可以为你敛汗回神；如果你感到昏昏欲睡，马黛茶可以驱困醒脑；如果你头痛，马黛茶可以除痛还魂；如果你觉得肠胃不适，喝一杯马黛茶有助你调和通顺。”

近些年阿根廷马黛茶的生产发展很快，如今年产量达 40 多万吨，居世界第一位，被称为“马黛茶王国”，全国人均年消费量约 7 公斤，其余 30%用于出口创汇。每年 11 月的第二个星期，是阿根廷全国的马黛茶节。节日里，在首都街头可以看到许多着装漂亮的少男少女向行人分赠小盒包装的马黛茶。在马黛茶主要产地——米西奥内斯省等地，节日里还要举行高乔人参加的花车游行，竞选“马黛茶女王”，选出的“女王”可以免费到首都和各大海滨城市旅游，并能得到不少珍贵礼品。

法国人“请吃”、“吃请”精于算计

法国餐厅讲究情调和卫生

同许多西方国家一样，法国人吃饭采用“分餐”的形式。进入餐厅后，侍者会给每位客人分别递上一份菜单，各点各的菜。一般来讲，一套完整的法餐包括冷盘、主菜、奶酪和甜点四道菜，一盘吃完后再上下一盘。餐厅往往提供不同价格的套餐供客人选用，除了有四菜齐备的套餐外，也有冷盘加主菜、主菜加奶酪或主菜加甜点的组合方式。当然，客人也可以撇开套餐，根据自己的喜好任意点菜。

自己点菜自己付账

“分餐”的吃法在很大程度上避免了浪费现象。首先，每人根据自己的胃口大小“量力而行”，不必为别人操心。另外，饭店免费提供面包和水，这可起到“补差”的作用。如果有人单吃一个套餐还不够，则可多吃点面包。即使是点同样的菜，其分量也有“伸缩性”。比如，客人点了一份奶酪，侍者可能会端上一个由不同奶酪组成的大拼盘，客人根据自己剩余的胃口来“自助”，要几种都无所谓，只要能吃完就行。有的餐厅还在菜单上注明了菜的分量，或是标明供几个人享用，以避免客人不小心多点而造成浪费。值得一提的是，法国人在朋友聚餐时实行“AA 制”，每人结账时将自己点的菜从账单中选出来。有时几位朋友吃饭，光是埋单就可能花上近一个小时。在这种习俗下，吃饭是很难出现浪费情况的。

一顿饭什么也不会剩下

法国人中午很少回家吃饭，因为午休时间有限，很多人喜欢找个小饭馆吃个大沙拉，或是买份三明治。晚餐则不同，往往要挑选一家舒适、温馨的餐厅，同家人或朋友慢慢享用。虽然点的东西比午餐丰盛，但法国人的晚餐一吃就是三四个小时，这种长时间“作战”，往往一边吃就一边消化了，所以很少出现剩菜的情况，许多人吃完菜后往往还用面包将盘中的汤汤水水蘸干，一并下肚。

在家里请客招待更显盛情

法国人请客往往不上饭馆，尤其是请好朋友时，更是要在家里做顿饭，以显示对客人的盛情。同中国人相比，法国的家宴方式就显得比较“抠门”了。虽然也有冷盘、主菜、奶酪和甜点，但每道菜都是“自助”的，主人会将菜盘在桌子上转一圈，每人想吃多少就拿多少，主人不会劝你多吃一点。有时还有“速冻席”，所有吃的东西都是从速冻食品超市买来的，放在微波炉里加热后就端上桌了。当然，公司请客时则在餐厅吃饭。有时一顿饭远远不止四道菜，前后足有十来道。不过，每道菜的分量并不大，只是做得非常精致。自始至终吃下来，既大饱了口福，也不会浪费什么东西。

蜗牛餐源于法国农民的家常菜

法国人把饮食视为艺术，除了重视色、香、味外，还讲求饮食的礼节、气氛和情调。法国人一向以善于吃并精于吃而闻名。而蜗牛餐因其营养丰富，极具药用价值，被视为“肉中黄金”。在众多食用蜗牛的国家中，法国蜗牛最有名气。

法国人早在几百年前就知道了蜗牛的美味，他们从那时起开始食用蜗牛，并以蜗牛为原料制作各种菜肴。由于生长在勃艮第地区的野生蜗牛非常多，所以当时蜗牛只是法国农民餐桌上的家常菜而已。后来随着它在人群中的推广而被广大食客所接纳。但正是因为历史悠久和原料稀少，蜗牛在法国就变得愈发名贵，最终成为有钱人在隆重场合才能享用的佳肴，并升级成为法国的“国菜”。

法国蜗牛高蛋白、低脂肪，含有多种维生素、微量元素和人体无法合成的氨基酸。据法国饮食协会的资料显示，蜗牛有清热、解毒、消肿等作用，能调节血压，预防心脑血管疾病，长期食用能美容养颜、延年益寿。

法国人一直将食用蜗牛视为时髦和富裕的象征。每逢喜庆节日，家宴上的第一道冷菜就是蜗牛。据统计，法国人每年要吃掉6万吨蜗牛肉，折合30万吨鲜活蜗牛，其中90%以上依靠进口。巴黎专营蜗牛食品的商店有500多家。

选择入菜的蜗牛，只有一件事情要注意，就是要选择壳的边缘比较硬的蜗牛。蜗牛养殖的最后6个月到1年，就不能让它吃蔬菜，也不能喝水，光让它吃面粉，法国人称之为“蜗牛的斋月”。如果蜗牛壳的边缘还是很容易碎的话，说明“斋月”的过程做得不好。不吃面粉的蜗牛，肉的味道会发苦，相反，吃过面粉的蜗牛，肉就变得非常可口了。蜗牛是一种雌雄同体的软体动物，它的肉质肥厚柔软，含有丰富的营养。法国蜗牛的纯天然养殖，使得它更易于被消化、吸收，帮助人体增加活力。

法国蜗牛的烹调别具特色，一般以烤为主：在蜗牛肉上涂一层奶油，再将蜗牛肉与葱、蒜等一起捣碎，拌上黄油和调料，塞进洗干净、完整的蜗牛壳中，然后将“改装”过的“蜗牛”放入底下有6个圆孔的圆形铁盘内，再放在炉火上烘烤，等奶油烤化了，就可以取出蜗牛食用了。

食用蜗牛需要配备钳子和双齿叉。就餐时，用右手拿钳子夹住蜗牛壳，左手用叉子将蜗牛肉挑出食用。吃蜗牛没有特别的礼仪讲究，但是蜗牛最好趁热吃，这样蜗牛肉才会比较容易从壳内取出，否则可能就要费些力气了。当然，只要熟练使用钳子和叉子，即使是蜗牛这样的带壳动物，吃起来也同样可以姿态优雅。蘸上调味汁或辣椒酱，味道鲜美无比。食用蜗牛，最好搭配蜗牛产地出产的美酒，勃艮第蜗牛就要配勃艮第酒，或是配波尔多酒、香槟酒。关键要选择口感很轻、很温和、适合女性饮用的酒，绝不能选择白葡萄酒，那会破坏蜗牛原有的鲜味。

烂葡萄酿就世界闻名的贵腐酒

早在几百年前，欧洲人酿造了为我们今天所知的贵腐葡萄酒。随着时间流逝，昔日只有贵族才能享用的珍品，今天也为众人所享用。

我们所谓的“烂葡萄”，其实，它并不是真的烂了。只是葡萄颗粒因受到一种叫做葡萄孢的霉菌感染，而被蛀出我们肉眼看不见的小孔，这使得葡萄里的水分被蒸发，逐渐变得干瘪，且表皮上形成一层薄薄的黑灰色茸毛。这种细菌是一种自然界存在的腐性寄生物，经常寄生在水果皮上，对人体无害。这样的感染过程不仅能使原本已经很甜的葡萄果实变得更甜，而且产生了让口感更圆滑滋润的甘油，并形成格外动人饱满的香气。

你可能很难想像，这样丑陋的葡萄怎么会变成美丽珍贵的黄金甘露？事实上，确实很难，因为一旦天公不作美，它们真的就会变成一堆烂葡萄。

葡萄孢很娇贵，不是在任何葡萄园都能出现和传播的，它需要一种独特的微型气候才能产生——早上阴冷富水气，下午干燥炎热。早上潮湿的气候有利于这种霉菌的滋生蔓延，中午过后的干热天气才能使葡萄果粒里的水分从感染处蒸发，脱水提高了葡萄的甜度。说起来简单，但全世界拥有这种独特地理环境，造就如此苛刻气候条件的葡萄园产区就那么几个。像波尔多地区和匈牙利的产区都有条河，早上河两岸经常弥漫着雾气，之后太阳的照射和风使雾气渐渐散去，到了中午，阳光普照又抑制了霉菌的生长。

即便如此，也不是每年都能出产贵腐酒，因为如果天气反常，即便是“上帝赐予”的那几个产区也无可奈何。葡萄园主每年都得冒着葡萄烂掉的风险，等待真正的浓缩葡萄来酿酒。此外，采摘也是件麻烦事：需要逐粒逐串挑选。因为不是每一颗葡萄都同时受到感染，即使受到感染，感染的程度也不一样。而感染上贵腐霉的葡萄园往往香气冲天，这让天上路过的小鸟们直流口水，它们才不会错过这顿美餐。这些都直接影响了贵腐酒的产量，有时一棵葡萄树或许只能出产一杯贵腐美酒。

贵腐酒不仅甜度极高，飘逸着浓郁果香，且口感丰富而稠密。喝下两小时后仍感觉嘴里还有淡淡的余香，那么，究竟是哪个天才发现了化腐朽为神奇的贵腐酒呢?

德国说，贵腐酒在德国已有200多年的历史，它的起源根据记载最早产自莱茵河的约翰山堡酒庄，当时这家酒庄归教会所有，并且有一个严厉的主教，他控制着多个葡萄园。这位主教爱外游，一次外出因事耽误了回程，虽然葡萄早就熟了，但工人们不敢自作主张去采摘，只得任由葡萄在树上长毛腐烂。主教回来后，虽然懊恼却不便发作，唯有吩咐即刻采摘并用来压榨酿酒，却没料到酿成了格外香甜美味的贵腐酒。

匈牙利说，世界上的贵腐酒最早起源于匈牙利，大约是在1650年，托卡伊城与土耳其帝国发生战争，从而导致葡萄延迟采收，因此而发明了贵腐酒。

法国说，苏玳地区甜酒生产历史起源于400多年以前，相传伊盖姆酒庄的主人酷爱打猎，在一次狩猎出行前他叮嘱酒庄工人一定要等他回来后再采摘葡萄。结果迷猎晚归，酒庄100多公顷的葡萄全部感染上了贵腐菌，一年的辛勤劳动眼看就要付之东流。为了尽可能减少损失，他决定像往常一样装桶发酵，结果烂葡萄做出了口感圆润甜美的贵腐酒。

常常有些人将贵腐酒与晚收葡萄酒混为一谈，虽然它们都是含糖量很高的甜酒，但却有根本上的区别。晚收葡萄酒是在葡萄成熟之后，延缓采收时间，让葡萄继续在枝上成熟，这与贵腐酒有点相同，但用来酿造晚收酒的葡萄却没有受到葡萄孢感染，也就是没有发生贵腐现象，它是用健康的葡萄酿制的，因而不能被称为贵腐甜酒。

由于贵腐酒甜度非常高，所以建议冰到 10~12 摄氏度时再细细品尝，若在品尝前能够醒 1~2 个小时，风味会更好。至于配餐嘛，当然是细致动人的精美甜点了。

外国普通人的节日用酒

热红酒（GluehWein），是德国的一种红酒喝法，通常圣诞节时德国人全家做过弥撒之后会喝这种酒。所谓热红酒就是红酒加热，然后加入肉桂、丁香、柠檬、橙皮、一点点白糖，开锅即成。这似乎听起来像是件“牛嚼牡丹花”的事。虽然这种热红酒喝的方式来自于毫不浪漫的德国，但我们可以负责任地说，把红酒热喝，绝不会辱没一瓶好酒。对酒来说，冷藏可以让一瓶不大好的酒更容易入口，而把红酒加热则是令它“原形毕露”的一种方法。所以在选择红酒时，不要选择品质太差的葡萄酒，那种没品没名的最好不要用，要对自己的舌头和胃负责。因此，可以重点考虑一些中等档次的葡萄酒，这类葡萄酒口感虽然不能跟品质特别好的葡萄酒相比，但毕竟是在正常的工艺下制作出来的。如果在酒中加入香料和水果之后，酒的口感变化更丰富。不仅是为了能让你更好地接受一款酒，同时也能让你忘记了红酒独具特色的涩。Glueh在德语中是“燃烧”的意思，顾名思义，也就是说热红酒在喝完之后让人有燃烧的感觉，从头到脚热起来，是给冬季一个最温暖的收尾。红酒加热之后，还具有御寒、保健、活血等功效。如果你觉得热红酒太甜，不够劲爆，还可以在其中加点白兰地，口感一定很强烈。

新年前后，德国的街上会多出许多热红酒摊儿，但热红酒现在已经不仅是德国的独家“节日用酒”了，欧洲的许多国家都会在冬天时把红酒热来喝，而在奥地利则不仅拘泥于红酒作为基酒，白葡萄酒也位列于“热酒”基酒之中。作为葡萄酒王国的法国自然不会例外。口味比较重的波尔多红酒更适合做“热红酒”。法语中，vin chaud是热红酒的意思。而chaud的本意是“热”，在口语中则有“欲、情”等意思，是个除非你确有其意否则不能乱用的词汇。这个词汇让你不能忘记肉桂在热红酒当中起到的作用——催情。催的这个情其实也不止于情欲，催的无非是那些总让你有点意犹未尽的情，过节的欢娱，跟家人朋友团聚的温情等等，总有点余韵未了的意思。在法国热红酒通常是那些滑雪爱好者在结束一天的滑雪运动之后常常选用的一种饮料，从法国拉普拉涅滑雪场的小木屋里经常会传出热红酒的香气。

从穷苦人家走出的瑞士风味饮食

真正的传统瑞士风味，从其历史根源追溯，本来都是穷苦人家的美食。譬如瑞士最有名的乡土菜，是一种叫做“热斯蒂”的煎土豆饼，不但乡村小店有售，就是高级饭馆也有供应。长期居住国外的瑞士人，有时想念故土，乡思之中就有怀念“热斯蒂”的成分。

其实，这种煎土豆饼并不复杂，而且是用头一天的剩土豆做的。说到这里，要先介绍另外一种瑞士家乡饭——连皮煮土豆就黄油、食盐和干酪吃的“盖什威尔蒂”。这种饭直到今天仍有许多瑞士家庭喜欢当晚饭用。

“盖什威尔蒂”剩下的煮土豆，去皮、切成薄片。煎锅上放些猪油或黄油，油热后煎土豆片，撒上细盐，不断用铲子翻动，煎成金黄色。此时，根据口味可再加一些猪油或黄油，改小火，把土豆用铲子压成“饼”状。煎锅放清水少许，加盖，再用微火烧。偶然要转动煎锅，以免火候不匀。约15分钟后，土豆饼底面煎出金黄硬皮，将它翻转到煎锅盖上，再推到盘中即可上桌。这便是瑞士的乡土名菜——“热斯蒂”。

这种堪称瑞士国菜的煎土豆，本身就是主、副食都有的全餐。它在瑞士的历史也并不悠久，因为土豆是在18世纪后半期才引进瑞士的。但是，土豆却曾立下大功，在1770～1771年的一次饥荒中，因为有了土豆，卢塞恩的农民才免遭沦为饿殍。

如果“热斯蒂”是瑞士德语区的国菜，“牛奶咖啡”则是他们传统的“国饮”。瑞士过去喝咖啡，喜欢牛奶和咖啡一半兑一半，因此这种饮料颜色发白，而且向来不加糖。早餐喝这种咖啡，晚饭也喝这种咖啡。许多瑞士人的家常便饭常常离不开“热斯蒂”和“牛奶咖啡”。

芝士，又称做起司、奶酪、干酪，它之于瑞士大餐就如酱料之于中式菜肴。瑞士干酪在全球都赫赫有名，许多山区、各个城市和村庄都会生产独具特色的芝士奶酪，总的来说，德语圈地区的芝士口感较硬，而法语圈地区的芝士较为柔软。

著名的瑞士芝士主要有四种：艾蒙塔尔是一种上乘奶酪，表层有许多奶酪发酵过程中由碳酸形成的气孔，整块的艾蒙塔尔像一个大车轮，重约90公斤，瑞士人说它和面包一样百食不厌；格里耶富有阿尔卑斯山香草的味道，并充满醇厚的奶香，略有咸味，可以干吃，也可以烹制菜肴；阿彭策尔是一种加入了苹果酒和白葡萄酒的芝士，带有一种特殊的迷人酒香；斯勃里恩兹则是瑞士最古老的一种干酪，既可擦成细末做配料撒在汤或菜上，也可切薄片夹在面包里做成三明治。

瑞士的各类肉肠品种繁多，各具特色，每个地区都有自己的特制品种，或熏制或风干，吃时可煮、可炸、可烤、可冷食，总计不下数十种，而且互相保密，做法绝不外传。吃瑞士肉肠也颇有讲究，不少人吃某种肉肠一定要到某地去买，才算吃到了正宗风味。

最具特色的一道菜名叫“许勃利克”，产于苏黎世近郊，是一种特大号的猪肉肠。一种葱头汁小牛肉肠也颇有名气，与肉肠齐名的还有一种风干生牛肉，吃时并不加热，只将其切成薄纸般的片，口感既干爽，又似有鲜美的肉汁，味美独特。

三湖州和日内瓦州是瑞士主要的产鱼区，瑞士湖鱼无论是否叫得上名字，肉感都一样的嫩滑，极其鲜美。瑞士人习惯在每日的主菜中保留一道鱼肴，有些地区习惯将鲜鱼清蒸或加入些许调料做成一道香味四溢的法式鱼汤；有些地区的居民喜欢吃传统的炸鱼；还有些地区的美食家们则有更多的烹饪花样，将鱼或煎或炒，浇上意式酱汁，配以瑞士产的白葡萄酒。

有瑞士大厨说过，吃瑞士大餐的主菜只能吃6分饱，因为剩下的4分要留给甜点去占领。无论是扬名东北部的恩加丁果仁蛋糕，还是夹着新鲜奶油的法式水果蛋糕，或是已经横扫全球的瑞士卷、巧克力火锅，都一定能让最不喜欢甜食的宾客爱不释口、大快朵颐。

巧克力也是与瑞士密不可分的一个名词，高超的巧克力制作技术、多家知名高级巧克力制作商和贩卖手工制作巧克力的街边小店，使这个每年人均吃掉 10 多公斤巧克力的国家创下令人不可思议的世界纪录。

循规蹈矩：饮用洋酒讲究多多

外国人喝酒很讲究，不同的场合喝不同的酒，不同的酒有不同的喝法。吃饭之前，要喝一小杯带酸味的开胃酒，以引起享受美味的食欲。吃饭时喝佐餐酒。佐餐酒还有吃白肉喝白酒、吃红肉喝红酒的讲究。开胃酒和佐餐酒，都是酒精度数不高的果酒。像葡萄酒、杜松子酒、朗姆酒等等。高度酒威士忌和白兰地，是饭后或不吃饭时喝的。喝威士忌、白兰地，不用下酒菜，只喝酒。

威士忌是用谷物酿造的烈性酒，在西方很盛行。甚至有金钱、美女、威士忌，是征服世界三宝的说法。

威士忌要加冰块和苏打水喝，这样喝起来才不会那么烈，口感比较平和。苏打使酒产生大量二氧化碳气体，喝下去，冰凉的酒气从鼻腔里冲出来。与喝饱了冰镇啤酒后打嗝的感觉有些相似。但嗝出的气体，比啤酒的味道香得多，特别舒服。

白兰地是一种特制的葡萄酒。把酿造出来的葡萄酒液，再蒸馏两次，使酒精含量达到 40%左右，储存在橡木桶里，过一段时间，就成了白兰地。储存的时间越长，价值越高。据说够得上 XO 等级的，要储存 15 年。售价上万元一瓶的路易十三，储存时间在 50 年以上。

白兰地与威士忌的喝法相反。喝时不但不能加冰，还要微微加温。很多人把白兰地加冰喝，是错误地借用了威士忌的喝法。喝白兰地，要用一种特殊规格的高脚玻璃杯。每次倒到杯里的酒，只能有一盎司左右。简便的检验办法，是把盛了酒的高脚杯倾倒，酒齐杯子下口而不溢出为恰好。用左手中指和无名指，夹住高酒杯脚，双手紧捧酒杯，慢慢来回晃动，利用手掌的温度，把酒均匀加热。酒温达到人的体表温度时，酒香四溢。把鼻尖靠近杯口，浓烈的酒香直沁心脾。然后，浅浅喝上约零点三盎司左右的一口。千万不要急于下咽，把酒含在嘴里，让舌头与口腔充分感受酒的味道。同时，把口腔里的空气，向鼻腔里挤压。鼻子从口腔里感受到的酒香，比从杯子里闻到的气味更香、更醇、更浓。最后，再把酒徐徐下咽。

喝白兰地的乐趣，主要是欣赏酒的颜色，闻酒的香气，品酒的味道，而不在于追求酒精刺激后的兴奋。与喝高度白酒的宗旨不同，吃饭时喝白兰地，菜味与酒味混杂，很难领略到白兰地的微妙。正像有些音量不高，但音色特别优美丰富的乐器，只适宜独奏。如果与其他乐器合奏，它美妙的音色就会被其他乐器的声响掩盖一样。

匈牙利家常菜：土豆牛肉汤最著名

匈牙利人起源于东方游牧民族，其饮食习惯和烹饪方法吸收了很多游牧途经地区的元素，并加以改进和发展。比如，著名的“土豆牛肉汤”的烹饪方法是从阿塞拜疆人那里学来的，“大豆汤”则取自芬兰乌戈尔人。

匈牙利菜中最值得推荐的是“土豆牛肉汤”和“鱼汤”，这是外国游客到匈牙利必尝的、最有特色的汤菜。“土豆牛肉汤”中除了土豆丁、牛肉块外，还放入很多洋葱、辣椒粉和蔬菜丁，味美香浓。因为有点咸，要和面包一起享用。不同的地方做出来的牛肉汤具有不同的地方特色，最有名的是塞凯伊土豆牛肉汤，味道极其醇厚。

匈牙利“鱼汤”至少由 3 种鱼混合炖制而成，多用鲶鱼、鲤鱼和当地产的鲟鱼或鲈鱼。汤里撒很多辣椒粉，整个汤都是红色的，但并不太辣。最地道的鱼汤要到蒂萨河和巴拉顿湖沿岸城市才能喝到，那里的鱼汤是用从河里打捞上来的活鱼加上油炸土豆丁、洋葱等，在大吊锅里烹制而成的，肉嫩汤鲜。

总的来说，匈牙利饮食的味道比较浓厚，辣椒粉是他们喜欢用的调味品，无论是享誉世界的“土豆牛肉汤”，还是鲜美的“鱼汤”、美味的煎小牛肉等都少不了辣椒粉。另一种经常用的作料是洋葱，一些汤、凉拌菜和烤肉的制作都要用到洋葱。荷兰芹也是常用的作料。另外，他们还喜欢在汤汁和点心里加奶油。

主菜中鱼是比较有特色的当地菜，最有名的是巴拉顿湖的鲈鱼，这种鱼很娇嫩，不能活着运输。另一种鱼是蒂萨河鲟鱼，味道鲜美，刺少，很受餐厅客人的欢迎。做鱼的方法无非是撒上面包屑煎、炸或者撒上胡椒粉烤，都很好吃。

匈牙利的鹅肝和野味也非常有名，但价格比较昂贵，要到大餐馆才能吃到。另外，烧火鸡、卷心菜、肉米卷、青椒肉卷、面疙瘩、烤乳猪也都是比较有特色的匈牙利菜肴。“绍拉米”香肠因其独特的制作方法和咸香的味道成为早餐中的佳品。

匈牙利小吃中最有名的是“保劳钦道”饼，这种用面粉、酸奶油、猪油和鸡蛋混合烤制的薄饼里面放了果酱、巧克力酱和奶渣等，趁热撒上白糖吃，非常香甜。

匈牙利的气候和土壤非常适合种植葡萄，巴拉顿湖北岸和南部多瑙河地区出产的塞克萨尔德和维拉尼红葡萄酒口感纯正，品质优良。东北部托考伊地区出产的餐后甜葡萄酒是匈牙利的骄傲，曾多次在欧洲葡萄酒国际比赛中获得金奖。匈牙利人爱喝埃格尔出产的牛血酒。埃格尔的牛血酒，是用优质葡萄酿制而成的，经过长时间的密封保存，其香味浓郁芬芳，色泽犹如鲜牛血。关于牛血酒的来历还有一段传奇故事呢。

1552 年 9 月，奥斯曼帝国占领了匈牙利大部分领土后，以重兵把北部重镇埃格尔城团团围住，企图一举强占这个战略要塞，从而吞并整个匈牙利。当时，在城堡内的匈牙利军民不畏强暴，毅然同侵略者浴血奋战。在激烈的战斗中，勇士们为了增添杀敌的勇气和力量，猛饮红葡萄酒，以致染红了他们的胡须和盔甲。当侵略者看到这些胡须和盔甲皆红的勇士时，大吃一惊，连声说道：“不得了了！这些匈牙利人喝了牛血要拼命了，快跑呀！不然，他们就会像牛一样地把我们踩死！”侵略者就这样被所谓红色“牛血酒”吓得魂飞魄散。此后，埃格尔的牛血酒成为了享誉匈牙利的名酒。

希腊饮食：鲜果蔬菜占大半

记得一位希腊人说过："全世界各处都能用太阳晒出鲜美的鱼干，但唯有用希腊的太阳才能晒出最美味的！"短短一句话深刻表达了希腊人对自己国家几近痴狂的恋土之情。的确，作为欧洲文明的发源地，希腊人确实有太多值得他们骄傲的地方。蔚蓝的天空，碧蓝的大海，满山的羊群和遍野的橄榄树，是希腊境内独特的自然景观。古老的神话和宏伟的神殿，更使它蒙上一层神秘的色彩，所以说希腊是古典与现代艺术结合的文明古国并不为过。

希腊富产橄榄油和柠檬，几乎每道菜都需大量使用这两种配料调味。甚至煮饭时也掺入很多橄榄油，所以煮出来的饭色泽黄亮，香气四溢。烹调手法则以烤烧为主，煮炸为辅，而且很多菜肴都少不了用酒调味。

希腊菜的用料和烹饪方法非常科学、很有利于健康。由于希腊地处欧洲南部、地中海北岸，一年四季都有种类繁多的鲜果和蔬菜，因此，希腊人的食谱中果蔬和鱼占了大半。另外，希腊人烹饪时使用的是橄榄油和奶酪，这对人体健康也大有益处。其实整个欧洲的饮食习惯差不多，奶酪和橄榄制品唱主角。

在希腊境内遍布橄榄树，橄榄油是脂肪含量最低的食用油，也是当地人的基本生活所需，从日常食用，到清洁、保养等，都与橄榄相关制品脱离不了关系。精制橄榄油为突显原汁风味，通常用于生食、凉拌或沙拉；较次级的橄榄油营养价值仍高，作为厨房里的常备油，煎、煮、炒、炸皆宜；有些则加入不同香料、辣椒等，制成风味特殊的食用油。腌制的咸橄榄也是下酒的小菜。

希腊的生活绝对少不了奶酪，超市或传统市场的奶酪种类多得令人目不暇接。其中，世界知名的 Feta 奶酪，可说已成为羊奶奶酪的代名词，而希腊人平日的餐食，从开胃菜、主菜到点心，几乎皆可见这种奶酪的踪影，著名的希腊沙拉就是因为那几块 Feta 奶酪而身价倍增。

希腊街头上最普遍的美食有希腊特色的烤羊肉，还有将烤肉包在薄饼里的，希腊沙拉上则堆满了羊乳酪。希腊烤羊肉是一道希腊名菜，烹调时将碎羊肉、茄子及蕃茄层层迭上，加上派皮与羊奶酪烘烤而成，是一道令人垂涎的主菜。烤肉端上桌来，希腊人的吃法很特别，必须把这个肉夹在面包里面一起吃，有点像我国陕西小吃“肉夹馍”。

以什锦烧烤肉串为例，除了一般必备的涂料外，还要在熏烤过程中不断涂抹希腊白兰地和红酒才够味，烧烤肉串的主要材料有牛、猪、鸡、羊四种肉类和洋葱、香菇、红萝卜等配料，大的肉块只烤 8 分钟，不仅鲜嫩，而且富有弹性，海鲜串上有大虾、鱿鱼、蟹、青椒等，色泽艳丽，香味扑鼻。烧烤过程全是以手工翻转、涂料，是相当费时费力的考究做法。希腊海味饭，则是用海鲜高汤煮出的米饭，所以特别鲜润爽口。希腊红酒烤鱼，是随着季节的变化选择适时的海鱼作原料，一般来说常用比目鱼，整条鱼经过温火烤熟，再配以红心橄榄作装饰，一看就令人垂涎三尺。

希腊烤茄子也非常有名，茄子特有的清香夹着浓浓的牛肉泥，再配上少许番茄、土豆片，隐约中还透出淡淡的芝士香。其他的主菜多是煮或烤的鸡肉、羊肉、牛肉，也有烤虾、烤鱼等海鲜。把各种肉类加工成丸子也是希腊菜的一大特色。

希腊有风行地中海地区的 Pita 面包，搭配面包的酱料更是美味无比，酱料都是以新鲜蔬菜加上橄榄油或酸奶调制而成的。吃希腊菜不能没有葡萄酒，由于葡萄酒的发源地在希腊的克里特岛，所以希腊的酿酒工艺是首屈一指的，又因为其酒入口香醇，香气长留于唇齿间，故成为正餐时首选的红酒。在希腊有种家喻户晓的茴香酒叫“OUZO”，更是成为希腊酒中的经典之作，也被称为希腊的“国酒”。每当大家喝酒聊天的时候，这种酒便成为助兴酒，一般要加上冰块饮用，而且味道奇特，有一种大料的香味，浓烈甘醇。由于它有一经冷冻就会晶莹剔透的特点，犹如雪花一般，故称得上是“既好喝、又好看”，但大家别被它的美貌所蒙骗，它可是有着 40 度“脾气”的烈性酒。希腊人嗜好喝咖啡，而且还用来占卜。这种咖啡未经过滤，喝完咖啡后，杯子里会留下厚厚的一层咖啡渣，把杯子倒扣放在咖啡盘中，希腊人会根据咖啡渣流下来的形状占卜你的未来。

荷兰风味煎饼：品种多样的理想快餐

巴那克根是你在荷兰随便哪家餐厅都可以找到的既便宜又可口的荷兰薄煎饼。在阿姆斯特丹有很多薄煎饼专卖店，种类繁多，浇上糖浆或其他各式调料，非常好吃。这可算是自助游客最理想的午餐。

乌普蓝的小镇是荷兰煎饼的发源地，镇里有一家著名的保持着古朴风格的煎饼店，据说该店已有几百年历史。煎饼店是木质结构的，墙面由清一色同样粗细带着树皮的原木纵向排列组成，室内地面是厚实的大木板，坡状大屋顶铺着厚厚的稻草。整个建筑被架在距地面约一米高的空中，很像我国广东一带建在池塘上的竹棚。周围有一圈带扶手栏杆的阳台式游廊，四侧都有台阶通到地面，相应的煎饼店四侧有四扇大门。煎饼店另一独特之处是厨房设在店铺内部正中央，而且“矮客半截”地直接落在地面，因此，坐在四外的食客都能清楚地看到食品烹饪过程。充满古朴和自然风趣的煎饼店没有任何装修和华丽的饰物，几十张原木餐桌和长条板凳摆放在四周，厨师和跑堂一律身着当地民族古装，头戴白色无檐帽，脚穿船形木鞋。若不是看到厨房里的冰箱和冰柜，人们真会对自己所处的时代产生疑问。即使在白天，每张餐桌上都点燃一支粗壮的红蜡烛，昏暗的烛光闪映出岁月流逝的痕迹，给人一种返璞归真的感觉。

令人大为惊讶的是，食品单上列出了70多种煎饼，令人面对“菜单”深感茫然。煎饼上来后，定神一看，每“张”厚厚的煎饼竟像小生日蛋糕。原来真正的煎饼在底下，也是薄薄的一张，上面堆放着肉类、蔬菜或其他食品，用淀粉等东西将它们“凝固”在煎饼上，形成一个坨。有一份最具荷兰特色的“海鲜大全煎饼”，只见焦黄的煎饼上堆放着一层层生猛海鲜，其中有烧得五颜六色的鱼、虾、蚌、蛤等。海鲜上浇有紫红色汤汁，最上面盖几片绿色蔬菜。吃这种煎饼也有讲究，不能平着吃，要纵向吃，像吃我国北方八宝饭那样一勺插到底，各层海鲜尽在口中。“海鲜大全煎饼”吃起来细腻嫩滑，味道绝佳，异常鲜美可口，真是让人一朝吃来终身难忘。另外的“火腿煎饼”、“茄瓜煎饼”、“托里煎饼”、“沙拉煎饼”、“塔芭煎饼”也大同小异，都是在煎饼上堆放其他食物，吃法也基本相同。

据荷兰朋友介绍，荷兰煎饼采用玉米面、黍粉、黑麦粉、燕麦粉、精粉和杂粮粉或某几种面粉的混合，加兑按一定比例经充分搅拌的牛奶、鸡蛋、果汁和肉汁。调和好的面粉不能马上用，要醒上一个小时左右。煎饼也不是一下子就烙出来的，先将面粉摊在平底锅上，用文火烙上两三分钟，待煎饼成型后入蒸锅蒸六七分钟，最后再放到平底锅里烙一下，这样做出来的才是地道的荷兰煎饼。

时下许多荷兰人抱怨，这种制作工序复杂、食用不方便的食品已不适合现代化社会的需要，人们越来越感到已经没有那么多时间坐在店里慢慢品尝了。目前荷兰煎饼已出现进一步改良的趋势，荷兰城市的街头巷尾出现了形形色色简单易吃、便于携带的快餐式煎饼。这种“简易荷兰煎饼”将涂有作料的其他食物卷在里面，食者拿在手上边走边吃。

意大利比萨：遍及全球的大众食品

“比萨”是一种由特殊的饼底、乳酪、酱汁和馅料做成的具有意大利风味的食品，但其实这种食品已经超越语言与文化的壁障，成为全球通行的著名饮食，受到各国消费者的喜爱。但这种美食究竟源于何时何地，现在却无从考究。但大家都自然地认为这是400年前意大利那不勒斯的面包师傅首创的。

那么到底是谁发明了比萨呢？有人认为，比萨来源于中国：当年意大利著名旅行家马可·波罗在中国旅行时最喜欢吃一种北方流行的葱油馅饼。回到意大利后他一直想再次品尝，但却不会烤制。一个星期天，他同朋友们在家中聚会，其中一位是来自那不勒斯的厨师，马可·波罗灵机一动，把那位厨师叫到身边，“如此这般”地描绘起中国北方的香葱馅饼来。那位厨师也兴致勃勃地按马可·波罗所描绘的方法制作起来。但忙了半天，仍无法将馅料放入面团中。此时已快下午两点，大家已饥肠辘辘。于是马可·波罗提议就将馅料放在面饼上吃。大家吃后，都叫“好”。这位厨师回到那不勒斯后又做了几次，并配上了那不勒斯的乳酪和作料，不料大受食客们的欢迎，从此“比萨”就流传开了。

据统计，意大利总共有两万多家比萨店，其中那不勒斯地区就有 1 200 家。大多数那不勒斯人每周至少吃一个比萨，有些人几乎每天午餐和晚餐都吃。食客不论贫富，都习惯将比萨折起来，拿在手上吃。这便成为现在鉴定比萨手工优劣的依据之一。优质的比萨必须软硬适中，即使将其折叠起来，外层也不会破裂。

目前，全球最为著名的比萨专卖连锁企业是 1958 年创办于美国堪萨斯州的必胜客。“红屋顶”是必胜客外观的显著标志。必胜客遍布世界各地 90 多个国家和地区，拥有 12 300 多个分店，包括在中国的近 40 家分店，每天接待超过 400 万顾客，烤制 170 多万个比萨。

据了解，上等的比萨必须具备四个特质：新鲜饼皮、上等芝士、顶级比萨酱和新鲜的馅料。饼底一定要每天现做，面粉一般用春冬两季的甲级小麦研磨而成，这样做成的饼底才会外层香脆、内层松软。纯正乳酪是比萨的灵魂，正宗的比萨一般都选用富含蛋白质、维生素、矿物质和钙质及低卡路里的莫扎里拉芝士。

比萨的制作过程并不复杂，先将秤好的面粉加上自家绝密的配料和匀，在底盆上油，铺上一层由鲜美番茄混合纯天然香料秘制成的风味浓郁的比萨酱料，再撒上柔软的100%甲级莫扎里拉乳酪，放上海鲜、意式香肠、加拿大腌肉、火腿、五香肉粒、蘑菇、青椒、菠萝等经过精心挑选的新鲜馅料，最后放进烤炉，在260℃下烘烤5~7分钟。这样，一个美味的比萨出炉了。值得注意的是：出炉即食、风味最佳。

比萨按大小一般分为三种尺寸：6寸（切成4块）、9寸（切成6块）、12寸（切成8块），按厚度分为厚薄两种。真正的传统意大利比萨是薄底的，每日手工现做，故形状各异，采用的配料较美式单一，分量也不多，绝不会如美式比萨那样提起来有一丝丝芝士藕断丝连的效果。这都是必胜客那松软多料的美式比萨给我们的错觉。另外，真正的意大利比萨一定是咸的，不会使用味道太重的芝士。

意大利：名副其实的面条之国

要说意大利人做面条的能耐的确了得。当年，罗马帝国为了解决人口多、粮食不易保存的难题，想出了把面粉揉成团、擀成薄饼再切条晒干的妙计，从而发明了名垂千古的著名美食——意大利面。

最初的意大利面都是这样揉了切、切了晒，吃的时候和肉类、蔬菜一起放在炉里做，因此当年意大利半岛上许多城市的街道、广场，随处可见抻面条、晾面条的人。据说最长的面条竟有 800 米。不过由于意大利面最初是应付粮荒的产物，所以青睐者多是穷人，但其美味很快就让所有阶层无法抵挡。

意大利面吃起来连汁带水，颇不方便。早期的人们都是用手去抓，吃完后还意犹未尽地把蘸着汁水的十指舔净。中世纪时，一些上层人士觉得这样的吃相不雅，绞尽脑汁发明了餐叉，可以把面条卷在四个叉齿上送进嘴里。餐叉的发明被认为是西方饮食进入文明时代的标志。从这个意义上讲，意大利面功不可没。

新大陆的发现开拓了人们的想象力，也给意大利面带来更多变化：两种从美洲舶来的植物——辣椒和西红柿被引入酱料。到 19 世纪末，意大利面著名的三大酱料体系：番茄底、鲜奶油底和橄榄油底完全形成，配以各种海鲜、蔬菜、水果、香料，形成复杂多变的酱料口味。

面条本身也变化纷呈，有细长、扁平、螺旋、蝴蝶等多种形状，并通过添加南瓜、菠菜、葡萄等制成五颜六色的种类。据统计，意大利面的品种竟有 563 种之多。可是谁会想到意大利面条最早是用脚揉面的呢？因为面团太大，用手实在揉不动。直到 18 世纪，讲卫生的那不勒斯国王费迪南多二世才请来巧匠，发明了揉面机。1740 年，第一个面条工厂建成，广场晒面的大场面从此成为历史。

意大利人对面条的喜爱似乎是与生俱来的，许多人把做面的独门秘方束之高阁，不肯轻易示人，甚至把意大利面郑重写进“遗嘱”。中世纪许多歌剧、小说里都提到了面条。近代意大利民族英雄加里波第也曾用面条犒赏三军，甚至拿破仑在波河大进军中也拿“吃面”激励士气。

时间会改变很多东西，古人喜爱的很多食品今天早已风光不再，但意大利面却越来越有生命力。如今全球意大利面条年产量已达 1 000 万吨。在意大利，每人每年要吃掉至少 28 公斤的面条。

在罗马市中心总统府附近，甚至还建有一座别具一格的面条博物馆，慕名前来者络绎不绝。这个博物馆共有 11 个展厅，展出了不同时期的面条产品以及加工器具，从最早的擀面杖、和面盆，到后来的切面机、面条生产线等。众多实物生动地叙述了意大利面条数百年的发展历史。

如今意大利面条已成为世界的宠儿。今年的世界面条大会，参加国多达 27 个。美国纽约著名的“7 月 4 日大胃王”比赛中，意大利面条大赛已成为保留节目，2008 年的比赛中 9 名参赛者在短短 8 分钟内吞掉了 16.2 公斤面条，平均每人吃掉 1.8 公斤；今天在世界 100 多个国家里，都可以找到意大利面的踪影，甚至在地球之外也能闻到它的香气——国际空间站的食谱里，意大利面条赫然在列。

现在，绿色番茄酱加火星面包、土豆番茄千层糕、螺旋藻丸子，这几个名字怪怪的菜肴都是由欧洲航天局与两家法国配餐公司日前联合推出的“火星菜”样本，这些菜肴可为未来前往火星并作常期停留的宇航员所享用。

据欧洲航天局一份最新公报称，该机构的科学家经研究后认为，如果将来人类登陆火星，火星上可以在温室中种植的主要作物只有 9 种，它们是水稻、洋葱、番茄、大豆、土豆、生菜、菠菜、小麦和螺旋藻。因此，必须想办法利用这些作物做出美味佳肴。

欧洲航天局科学家克里斯托弗·拉瑟尔说，他们的目标是在漫长的火星生活期间，至少让宇航员40%的食品能够自给自足，而这9种作物将成为火星居民们的食物来源，剩下的60%则由从地球运来的蔬菜、草本植物、油脂、奶油、盐、香辛调味品、糖和其他季节性食品补充。至于为什么要规定是40%的自给率，他认为，除了可以作为食物来源外，还可以由这些作物来生产宇航员生存所需要的氧气和水分。

意大利提神咖啡站着喝

意大利人酷爱咖啡，因此，咖啡馆在意大利遍地开花。不过你也许不知道，正宗的意大利咖啡是要站着喝的。

意大利人的“精致生活”理念把喝咖啡这件事搞得极为复杂，甚至接近于艺术化。想感受这个特点，必须要走进咖啡吧。在咖啡吧里，点咖啡需要按照严格的程序。你首先要到收银处交钱，告诉收银员你想喝哪一种咖啡；此后，你拿着收银条从人缝中穿过，到吧台前告诉侍者你要喝哪种咖啡，精明的侍者们动作轻盈，不一会儿就会端给你一杯飘着香气的咖啡。

这时，你也许会发现，多数意大利人是站着喝咖啡的。需要提醒大家的一点是，如果有侍者对你说：“请你先坐下，我过一会儿把咖啡给你端来。”那就是一个圈套，因为坐下接受服务是要另加钱的。正因为如此，许多位于居民区的咖啡吧里干脆就没有椅子。

原来意大利地狭人稠，寸土寸金，倘若如此众多的咖啡馆统统设座，既占地又费钱。因此他们选择了站着喝，反正正宗意大利蒸汽咖啡浓烈无比，提神醒脑，就算站会儿也不会觉得很累。站着喝咖啡还有个好处就是快喝快走，好给别人腾出地方。意大利人常点的咖啡叫“ESPRESSO”，意即“快”，泡一杯咖啡只需 10 秒钟。

其实这种风俗不过 60 年历史。制作“快”咖啡的机器是 1946 年意大利人阿奇加夏发明的。“快”咖啡一定要用小玻璃杯，浅浅斟上小半杯，初尝者一天只能喝两杯，否则心脏吃不消。还要提醒大家，正宗意大利咖啡是不加奶的，加奶咖啡只有兼卖早餐的铺子里有售，这些铺子都有座位，但意大利人多认为，它们其实算不上真正的咖啡馆。

意大利宪兵也会背着冲锋枪进入咖啡吧，在此舒缓他们紧张的神经。咖啡吧是意大利人的社交场所，很多新闻都是在咖啡吧中流传开来的。想了解意大利，咖啡吧是第一课，但你必须要学着像是一个当地人。

“当地人”的概念不仅仅体现在穿衣打扮，更重要的是掌握点咖啡的技巧。总的来说，意式浓缩咖啡是一天 24 小时都适用的，但你想点卡布基诺，那就必须要在早晨 10 点半以前。当然，在此之后并非不能点，但那无疑是在向身边的意大利人宣告：我是一个外国人。

生性开朗的意大利人并非不喜欢外国人，但在喝咖啡问题上，他们更喜欢懂规则的外国人。当美国或是德国游客在午饭后高呼卡布基诺时，意大利人往往露出讽刺的微笑。

西班牙风味：最接近中国菜的西餐

西餐通常很单调，但西班牙大餐例外，因为西班牙菜是和中国菜最接近的西餐。在这个充满浓郁地中海风情的国度里，美食被看做是人生的一大享受。不仅吃的内容丰富多彩，连吃的程序也不能马虎。马拉松式的西班牙“大餐”是西班牙给人留下的最深刻的印象。

认识西班牙首先从首都马德里开始，领略西班牙的“大餐”也要从马德里开始。在西班牙餐桌上最常见的主菜就属“哈蒙”了。这种西班牙特色的风干火腿，西班牙人喜欢的却是生吃。西班牙的生火腿几乎全部只用粗盐调味，而且只是自然风干，少见熏火腿，非常简单自然。因连蹄带骨腌制，吃的时候必需用手工切下薄片，码放在盘子里，吃的时候用手捏食。虽然这些火腿都经过很久的陈年，但一切下来很快就会变干走味，所以一定是随叫随切。据说最有名的西班牙“哈蒙”的原料出自一群经过特别饲养的猪。这些猪养在山坡上，用当地树上的坚果喂食。当然，这样的“哈蒙”不管是品质还是价格都是一流的。

无酒不成餐，除了“哈蒙”之外，还有一种东西是每顿正餐都不能缺少的，那就是又便宜又好喝的葡萄酒。和法国一样，西班牙也是一个盛产葡萄酒的欧洲国家，葡萄酒可以说是西班牙人的最爱之一。西班牙的餐馆，不论大小，吧台里除了吊着大大小小的“哈蒙”火腿外，还陈列着各种各样的葡萄酒。西班牙的酒文化及酒吧文化是这个国家传统文化中最重要的部分之一，男女老少喝起酒来就跟喝水一样频繁。人在西班牙，便拒绝不了酒精这样东西，因为没有酒就没有社交。

在饮酒闲聊中等来了汤和主菜，你可不要指望这顿饭马上收场，西班牙人的规矩是汤要细细品味，不管是热汤还是冷汤；菜要慢慢品尝，无论是鱼还是肉。细嚼慢咽之后，别忙着离开，最后一道是咖啡、红茶加甜点，不管需要不需要，这是雷打不动的程序。

很少吃快餐的西班牙的确是一个注重享受生活的国家。不管是在商业中心巴塞罗那，还是在阳光之城塞维利亚，银行可以在下午 2 时早早地关门打烊，店铺会在午餐的时候来一个长长的午休，可是，每一家餐馆的大门都是永远向你敞开的，哪怕是在凌晨2时。吃在西班牙是如此重要的一件大事，即使是在家里，也一点儿不能马虎。吃饭要花掉很多时间，而买菜和烹调花费的时间就更多了。问当地人有多少在外面吃快餐的经验，他们笑着说："很少，我们好像很少意识到要吃快餐。"的确，在西班牙的城市里，不仅很少看到快餐店，就连几乎足迹遍布全球的美式快餐麦当劳和肯德基，在最开放的巴塞罗那都难得一见。据说，西班牙平均每10万个人拥有汉堡包店的数量不足两个，5年前还不到一个。在一个如此讲究吃的国度里，汉堡包、比萨饼要敲开这扇大门还真是很难。

在马德里西北方70公里处有一座古城，名叫塞哥维亚。城中著名的古代水利工程罗马渡槽，约建于2100年前罗马人统治西班牙期间，脚下有一家西班牙餐厅，名叫厄尔佩尔那帝诺。据说这家餐厅的前身，是罗马官兵经常围坐在一起喝酒、吃烤猪肉的小棚子。时过境迁，小棚子已经演变成了大饭店，该饭店又以烤乳猪闻名。不少到西班牙来的游客都慕名前往，品尝西班牙烤乳猪的特殊风味。这道菜前后被分为两道。第一道是烤猪皮，乳猪的皮被碳火烤成橘黄色，口感又香又脆，再加上该饭店特制的调料，客人往往在品尝第一口后就赞不绝口；第二道是烤猪肉，据西班牙美食家介绍，乳猪最鲜嫩的肉在两腿内侧，但由于是小猪，即便是大腿也只有一小块鲜肉。由于味道鲜美，此店的食客络绎不绝。

说到主食，西班牙人最喜爱吃的就属海鲜饭了。据说西班牙的海鲜饭起源于东南沿海一带，是渔民出海时在船上的食物，还救了被飓风袭击而差点饿死的哥伦布一命，结果哥伦布向国王说起后，国王就令御厨学做海鲜饭，并以此招待贵客。不过现在西班牙海鲜饭其实已经成了家庭聚会必吃主食。一盘国际级海鲜饭必须有鲜虾、西班牙香肠、青口、白肉鱼及蚬肉等海鲜，同时一定得有香料之王番红花调味添色。其实这番红花就是西班牙海鲜饭精华和名贵所在了。西班牙人在做海鲜饭的时候是不加水的，取而代之的是自家用龙虾、鱼骨、番茄等熬制的海鲜浓汤，配上口感最接近西班牙米的意大利米，煮出来的每一粒米饭如小小金粒，滑硬有力、弹劲十足。

德国食材朴实的“骑士餐”

德国人重视历史文化的特性，也在餐饮上表露无疑。德国的历史风味菜——骑士餐，最能体现德国的历史和文化。

对于观光客而言，相当有名的丽塔旅馆就坐落在内卡河谷入口处的内卡格密特，这里原是一栋中世纪的木造狩猎馆，改成旅馆后仍保持其原有的风貌。旅馆内的骑士餐馆装潢极为粗糙，厅堂里放有盔甲。因为地理位置靠近海德堡，游客住在这里相当方便。这里推出所谓的骑士餐，将中世纪的骑士饮食重现眼前，颇具巧思，趣味盎然。首先在中庭有骑着白马的骑士出来迎接客人，请客人品尝以锡杯盛装的葡萄酒。在这个仪式之后，燃着蜡烛的餐厅大堂中，由身穿中古服饰的服务人员端送食品，食物以猪肉为主，也有其他一些鸟兽野味，全部以炭烧方式烹调。顾客也要遵循中古遗风，只能用一把刀子切食。

卡塞尔近郊的骑士餐，是在以火把照明的户外，用三脚架和铁链支撑一张直径约一米的铁网，以柴薪起火，在其上烧烤里脊肉、猪排，场面相当壮观。

还有一个骑士餐是在阿尔费尔德，就位于图林根民族博物馆的隔壁。它本身是16世纪城墙建筑的一部分。炭烧的猪肉及鸡肉放在一个大盘子上，客人头戴白布巾，吃的时候不用木制的盘子或汤匙，也不用刀，只用一支像拌沙拉用的大叉子，很不容易使用。

骑士餐的共同之处就是材料朴实，内容以烤肉为主，并配上红椒和胡萝卜等生菜及水煮马铃薯。

德国人"吝啬"的饮食习惯

说起德国人的节俭来，不只是欧洲人才有如此深刻的感受。只要与德国人打交道就会发现德国人无论身分高低、挣钱多少，均有花钱如"要命"的现象。中国人对客人，尤其是外国客人，并不计较自己那空空的腰包，把客人的高兴当做自己最大的荣耀。德国人来到中国也是如此，不过他们此时一般都是客随主便，乐意让中国主人表现大方。但中国人来到德国，千万别希望有同等的回报。他们对客人划分得清清楚楚，说不请你就不请你，一块儿喝杯咖啡也是各付各的账。不过，我们对德国人待客的节约精神也不必太责备，因为他们自己待自己也是艰苦如斯。在一个有名的研究所里，许多教授中午只吃自带的两片面包夹一片奶酪。有的人尽管家里每月纳税上万马克，中午饭却已经免吃数年了。德国人也不是不好客，但是在德国朋友家做客得有充分的心理准备。中国人那样的一桌子菜是没有的，一般两个盘子，最多三样菜。大方的朋友会准备一瓶葡萄酒。这是他们对最好的朋友的招待。

对德国人的节俭，德国人的解释是该地方天气阴冷，农作物不太生长，历史上闹了好多次饥荒。尤其是第二次世界大战之后，举国上下无论贵贱、老少、男女全部过上了饥寒交迫的日子。虽然不至于全部饿死，但是每天只吃两三个土豆的日子确实持续了很长时间。所以，现在已经富得流油的德国人还坚守着节俭的习惯。

德国的早餐比起午餐和晚餐是最丰盛的。在旅馆或政府机关的餐厅，早餐大多是自助形式。办公室内大多都设有专门煮咖啡和茶的房间，职工在上午 10 点和下午 4 点各有 20 分钟的喝咖啡或茶的时间，他们同时还要吃一些糕点。这种点缀，可以防止中午和晚上因饥饿而过量饮食，是一种科学的饮食习惯。

德国的午餐和晚餐一般是猪排、牛排、烤肉、香肠、生鱼、土豆和汤类等。在德国喝啤酒，酒量不大者不必担忧，因为酒宴上，德国人互不劝酒也不逼酒，喝者各自量力而为。即使喝啤酒，他们也是先问你是否要，若不要绝不会给你送来。用餐是一人一份，食者大多会用面包将盘内的肉末或汤汁蘸着吃尽，绝不浪费。德国的饮食特点是营养丰富、方便省时、文明科学、吃饱吃好。

在我们看来，德国人请客几乎是吝啬的。德国的一个国家机构在为中国一个学习班学员结业举行的宴会上，宴请大菜不过3道，但形式隆重。晚上休息时，一位去过中国的德国朋友说:“你们也许觉得午餐不够丰富，但我们的国务秘书请客也不过如此。”在州里，只有部长以上的官员有权因公事请客送礼，其他官员一律自费请客。德国有个规定，宴席中凡是多要了饮料和啤酒的需自己付钱。

德国人招待客人讲究节约、简单，饭菜仅够主客吃饱，营养足够就可以了。例如，一个大工业集团的技术工程部负责人为访问学者举行正式宴会。参加宴会前会见和商谈的人很多，但宴会开始，主人方面坐陪的只有5人，其他人都回家吃饭。宴会上只有一汤两菜，刚好够吃，一点也不浪费，主人也不觉得这样做就显得小气。

到底德国人节俭到什么程度，我们不必去德国人家里观察，在大街上走走看看就一目了然了。德国人习惯在街上买一根香肠、一个小面包当做午饭充饥。面包渣儿是绝对不能扔掉的，手指上粘的油也是不能糟蹋的，他们通常用舌头舔面包纸袋和手指。于是我们在中午时分就会发现许多德国人一边走一边舔指的奇异景象。

几位中国朋友因商务关系请几个德国人吃中餐。这是一些真正有身份的德国人。开始的客气是大家一样的，到最后令中国人拍案叫绝的事情出现了，不知是菜太好吃，还是德国人的习惯，只见在坐的几位德国客人一个接一个地把盘子举起来，把里边剩余大量的汤汁儿吱吱儿地吸进嘴里。有一位朋友还嫌不彻底，便用舌头把里边的剩余物质舔得干干净净。在坐的中国人惊讶得简直是目瞪口呆。

在德国人的饮食行为中，能表现出他们最典型的节俭意识。在德国食堂吃饭时，不管男女，菜盘、饭碗里的饭菜，全都吃得干干净净，颗粒不剩。更有意思的是，一次，一个中国人接受了德国朋友的盛情宴请。德国朋友还带着他特意跑了很远的路，挑选了一家餐馆，结果却是每人只点一道菜，加一碗饭。此人吃的是肉片炒柿子椒，吃完它显然不在话下，但根据中国人的习俗观念，在客人面前把菜吃光似乎不太体面，便故意剩下一点，仅仅是三片柿子椒在餐盘里。德国人看了，二话不说，便把剩下的那三片柿子椒全吃了下去。因为，他以为此人真的吃不下了。

德国在世界上是屈指可数的富裕国家之一，他们不仅本国社会福利种类多，而且还为许多发展中国家提供援助。把钱花在刀刃上，从这点看，德国的精打细算真是令人佩服。

过度的消费在德国不受欢迎。德文中“消费”这个词，其内涵就略带贬义，带有“耗尽资源”的含义。肆意炫耀金钱在德国被视作失礼的行为，奢侈的精品不为德国人所青睐。德国人的节俭风气，让我们开了眼界，更让人懂得了，现代化并不排除节俭。

俄式馅饼伴随俄罗斯人的一生

俄式的传统面食之一——馅饼，在俄餐中有着不可忽视的地位。人们经常提到馅饼。每逢重要节日、新年、洗礼、生日、命名日、婚礼以及葬礼，馅饼作为一道重要的菜肴，都是必不可少的。俄式馅饼有着“太阳”、“伟大节日”、“丰收”、“孩子健康”和“婚姻幸福”等多种涵义，俄国古谚语中说道：馅饼伴随着俄国人的一生。

在俄罗斯，馅饼不仅制作方法多样，更存在馅饼用料、形状等多方面的差异。俄式馅饼属于酵母发酵类馅饼，并依据使用原料的不同，将馅饼分为：黄米类、荞麦米类和面类馅饼。俄式馅饼的形状有很多种，除了常见的圆形馅饼外，还有三角形、正方形、长方形、比萨式露馅形、半露馅形、封闭形等等。馅饼的命名也很有趣，如：以人名命名的有“古里耶夫斯基饼”；以用途命名的有“婚礼馅饼”；还有以馅心命名的有“卷心菜大馅饼”、“果酱大馅饼”、“奶渣饼”等。

馅饼主要是以烤制的为主，偶尔也有几种馅饼是炸制的。多数薄煎饼在食用时配以蜂蜜、草莓甜酱等，有的馅饼可配西红柿、黄瓜一起食用。

在饮用伏特加或馈赠亲友时，馅饼都是理想的佐餐食品或礼物。当家中的小孩吵架时，妈妈就要做一个大馅饼让大家分吃，这意味着“和好如初”。俄罗斯还有一种馅饼名为“婚礼馅饼”，它有着非常有趣的制作方法，并代表了一个特殊的俄罗斯风俗。

当一对俄罗斯青年准备结婚时，在婚礼当天除了要制作各种佳肴宴请宾客外，男女双方还要做一种传统的馅饼——由薄煎饼加几种馅层层垒叠而成。而特别要注意的是这种馅饼的盖。在制作馅饼盖时，夫妻两家制作的花纹有所不同：丈夫家的馅饼花纹要制成小人形，表示“人丁兴旺”，而妻子一方的馅饼花纹要以鲜花为主，象征美丽、忠诚。人们看似简单的馅饼在俄罗斯人的眼中却饱含了深深的祝福。

俄式馅饼从一个特殊的角度显示了俄罗斯的文化，由此不仅看出俄式面点历史发展渊远的一面，还会使人联想到粗犷豪放的俄罗斯人民细腻深情的一面。每到过年或是重大节日、活动时，他们都会用馅饼来表达他们的喜悦之情，馅饼在俄罗斯人看来，已经不仅仅是一种食物，而是一种吉祥之饼、幸运之饼。它已渐渐成为俄罗斯人开心、快乐、吉祥、幸福的代名词。

俄罗斯小吃粗犷朴实，讲求"实际"

在俄罗斯，他们把黑面包、伏特加、鱼子酱称为"三剑客"；把圆白菜、葱头、胡萝卜和甜菜称为"四大金刚"；把面包、牛奶、土豆、奶酪和香肠称为"五大领袖"。

俄国人对土豆特别钟爱。甚至赫鲁晓夫都曾把共产主义简化为"土豆烧牛肉"。这是俄罗斯最普通的一道家常菜。与其叫菜，不如称其为"汤"。做法是将土豆块与青椒、牛肉同煮，然后放些黑胡椒、葱、蒜、醋等，起锅时撒点香菜。此菜有肉有菜，营养丰富，是俄罗斯最普及的一道菜。

香肠也是俄罗斯人钟爱的家常食品之一，前苏联时期的外交部发言人曾引用过一句俗话：发言越短越好，香肠越长越好。足见他们对香肠的深情。

从某种程度上说，饮食是民族特性的反映。俄罗斯人粗犷豪放、朴素实诚，其传统饮食也简单粗豪。俄罗斯菜肴比较实在，透露出俄罗斯人讲求“实际”的本色。由于俄罗斯大部分地区气候比较寒冷，人们需要较多的热能，所以传统的俄式菜油脂较大，许多菜做完后要浇上少量黄油，但这种烧菜的方式也逐渐趋于清淡。不过，由于地域的关系，俄式大菜对于北方人有天然的亲和力。

俄罗斯的黑面包外皮粗硬、口味酸咸、色如高粱面窝头。不了解情况的人以为这是粗劣食品，一度曾把它看做苏联人民“吃二遍苦，受二茬罪”的有力证据。其实，黑面包既可充饥又有营养，还易于消化，对肠胃极有益，尤其适于配鱼肉等荤菜。这是因为，黑面包发酵用的酵母含有多种维生素和生物酶。数百年前的俄罗斯人是凭经验悟出这一道理的。从 13 世纪的亚历山大·涅夫斯基大公到现在，俄军士兵的主要食粮一直是黑面包。

最好吃的是农村里用老祖宗传下的方法烤成的面包，足有小脸盆大的面包坯送进温度均匀的俄式炉炕里文火焖烤，出炉时敲敲面包底部，当当响的才是上品。旧时，俄国农村里一次就做出够吃一星期的面包，这是因为做面包很麻烦，光和面和发酵就要近两天。一大缸面，用手和费劲，干脆把脚洗净了，跳进去踩。

伏特加酒是俄罗斯民族性格的又一写照。伏特加的直接词义是“可爱的水”，俄罗斯人对它情有独钟。把儿童妇女也统计在内，这里人均每天消费伏特加 100 克。伏特加一般是 40 度，与白兰地和威士忌并列为世界三大烈酒之一。不过，同威士忌在饭前加冰块苏打水浅尝辄止、白兰地在餐后细品慢啜相比，俄罗斯人喝伏特加要豪放得多，哪怕是满满一大杯也要一口喝下。伏特加在冰镇后口味更佳。

俄罗斯民族的饮食很有特点，菜肴品种丰富多彩，一般离不开冷、酸、汤、酒、茶。俄式小吃内容也非常丰富，各种冷菜生鲜、酸咸，很具民族特点，其中鱼子酱、酸黄瓜、冷酸鱼属俄罗斯最有名的 3 种小吃。

在俄罗斯美食中，著名的鱼子酱就是其中之一。鱼子酱历来是俄罗斯食品中的精品，在一些美食商店才有，且是论克卖的，在许多大饭店的宴会上，鱼子酱放在专门的精巧的水晶玻璃容器里，晶莹剔透。鱼子酱是用鱼卵制作而成的，严格地讲，只有用鲟鱼卵制成的酱才是纯正的鱼子酱。在俄罗斯人看来，筵席上没有鱼子酱，往往被看成筵席的档次不够高。上好的鱼子酱价格昂贵，素有“黑色黄金”之称，是俄罗斯的顶级美食。

鱼子酱含有丰富的营养物质，所含的多种天然矿物质是人体不可缺少的营养成分。鱼子含有丰富的卵磷脂，对智力发育很有好处。由于鱼子酱的蛋白质和脂肪含量较高，在制作过程中为了保鲜需要加盐。所以食用鱼子酱搭配的食物一定要清淡，比较适宜的食品是大麦面包，或是烤得酥脆的吐司、饼干等。鱼子酱的价格昂贵，每次进食量很少，这也降低了过多摄入胆固醇的危险。

初到俄罗斯的游客，第一次看到一粒粒晶莹剔透黑珍珠般的鱼子酱涂在面包上，很有食欲，实际品尝起来的感觉还是有些腥咸不适应。这也是不同民族在饮食口味上的差别。但无论如何初到俄罗斯，一定要尝尝举世闻名的俄罗斯鱼子酱。

冷酸鱼红润好看，口味酸甜，是一道非常受欢迎的俄式冷菜。它的主要选料是：净鱼肉、洋葱、胡萝卜、芹菜、番茄酱、干辣椒、面粉、白糖、胡椒、丁香等。鱼肉营养丰富，含有大量蛋白质、无机盐、维生素，脂肪含量较低，且多为不饱和脂肪酸，鱼肉肉质柔嫩细腻，容易消化吸收。鱼肉和洋葱、胡萝卜、芹菜等新鲜蔬菜搭配烹饪，既能增加食物营养价值，又能吃出美味健康。

俄式酸黄瓜虽然是很多凉菜的配菜，但如果没有它，菜品的味道则会大打折扣。俄式酸黄瓜的味道集酸、辣、香、咸于一体，黄瓜质地脆嫩，不但清爽可口、开胃解腻，而且黄瓜中的营养能够更好地被人体消化吸收。

尽管俄罗斯人与欧美居民一样，饮食内容以奶油、肉类等高脂、高热量荤食为主体，但是，他们同时饮用大量牛奶及其制品，并且每天均要喝茶，这对降低血脂、减肥、防止心脑血管硬化十分有利。我国尽管以素为主，但脑血管、高血脂者比例甚高，可能与少吃奶类制品、喝茶也不普遍有关。俄式饮食，菜肴比较丰富，而且制作简便，用于吃饭的时间不长，在生活节奏越来越快的今天，也可供我们借鉴。

俄国红菜汤也能上国宴

洋葱，也叫葱头。进入冬季，洋葱摆上餐桌的频率越来越多。特别是西餐，洋葱唱主角。洋葱是俄罗斯人最喜爱的蔬菜之一，也是他们一日三餐离不开的蔬菜。由于俄罗斯夏季短冬季长，日照时间不足，所以新鲜的时令蔬菜和水果很少，也很难储存，特别是在漫长的冬季，土豆、胡萝卜、洋葱、圆白菜更是被俄罗斯人称为餐桌上的“四大天王”，陪伴着千家万户熬过整个严寒。

在俄罗斯，洋葱最普遍的吃法就是生吃，即将洋葱切成丝后和其他的蔬菜一起做成蔬菜沙拉，或者将洋葱丝作为配菜和牛排等主食一起食用，还可以在汉堡、三明治里夹上一些生洋葱丝。现在莫斯科街头最流行的烤肉卷“沙乌尔马”的做法，也是将烤肉、洋葱丝以及酸黄瓜一起放入卷饼里，味道非常可口。

洋葱的另一种做法就是做汤。俄罗斯人特别爱喝红菜汤，也称罗宋汤。俄罗斯的英语为RUSSIA，于是上海的文人把来自俄罗斯的汤音译为“罗宋”。

俄罗斯人为什么这么喜爱洋葱呢？原来，他们自古就有用洋葱强身治病的传统。据俄罗斯专家分析，洋葱营养成分丰富，除不含脂肪外，含蛋白质、糖、粗纤维及钙、磷、铁、硒、胡萝卜素、硫胺素、核黄素、尼克酸、抗坏血酸等多种营养成分。被誉为西方医学之父的希波格拉底认为，洋葱对视力有益；罗马医生认为洋葱是开胃良药；印度人把洋葱当做激素，并用于利尿、利痰；美国南北战争时期，北方军利用运来的三车皮洋葱摆脱了痢疾的困扰；日本医学教授认为，常食洋葱可长期稳定血压，降低血管脆性。

洋葱是目前所知道的唯一含前列腺素的植物，还含有能激活血溶纤维蛋白活性的成分。可以说，洋葱是高血脂、高血压等心血管病人的佳蔬良药。洋葱中的硒含量较高，具有抗癌作用。洋葱中的植物杀菌素除具有刺激食欲、帮助消化作用外，还由于它经由呼吸道、泌尿道、汗腺排出时，能刺激管道壁分泌，所以又有祛痰、利尿、发汗、预防感冒以及抑菌防腐的作用。洋葱里的硫化合物是强有力的抗菌成分，能杀死多种细菌，其中包括造成我们蛀牙的变形链球菌。因此，医生建议每天吃半个生洋葱，还能预防蛀牙。

洋葱具有多种较高的生理药用价值，在营养食疗上被推崇为多功能的降脂、降压、抗癌的营养保健食品。洋葱是一种集营养、医疗和保健于一身的特色蔬菜，在欧洲洋葱被誉为“菜中皇后”。

红菜汤在俄罗斯久负盛名。做法是先用甜菜、戈瓦斯放在罐中焖煮，煮开后放入白菜、甜萝卜，煮烂后放入葱、蒜、油、盐、肉等，这是最基本的程序。真正的俄式红菜汤做法程序严格。煮汤时要用文火并适当加入柠檬、西红柿酱和香菜，放置要合理。煮熟后再浇上酸奶油，味道鲜美。

在克里姆林宫举办的国宴菜单上，红菜汤永远是一个必须列在上面的菜式，谁也不会拒绝。当年斯大林在宴请毛泽东时，曾热情推荐这款汤。赫鲁晓夫最钟爱的也是这个红菜汤。红菜汤是用俄罗斯特有的一种“绿皮红肉”的萝卜制作的。红菜汤有着清淡的香气，是牛肉的香，不浓烈，还可以分辨出有轻微的胡椒味道，不过主味还是菜叶的清香，含在嘴里时停留时间最长的却是奶香。配餐的俄式主食面包松软，麦香浓郁，不甜不腻。

俄罗斯大菜中的“红菜汤”，其中的“红菜头”也是一种甜菜，甜菜根也可以作为蔬菜食用。古代西方利用甜菜做药用，古代罗马帝国用甜菜治疗便秘和发烧，用甜菜叶子包裹治疗外伤。由于甜菜汁含硼，古代欧洲用它做春药。中世纪欧洲用甜菜根治疗消化系统和循环系统疾病。

自助餐：源自北欧海盗的发明

自助餐，有时亦称冷餐会，它是目前国际上所通行的一种非正式的西式宴会，在大型的商务活动中尤为多见。它的具体作法是，不预备正餐，而由就餐者在用餐时自行选择食物和饮料，然后或立或坐，自由地与他人在一起或是独自一人用餐。自助餐之所以称为自助餐，主要是因其可以在用餐时调动用餐者的主观能动性，由其自己动手，自己帮助自己，自己在既定的范围之内安排选用菜肴。至于它又被叫做冷餐会，则主要是因其提供的食物以冷食为主。当然，自助餐也会适量地提供一些热菜，或者提供一些半成品，由用餐者自己进行加工。

自助餐根据标准不同，其档次也相差很大。但一般自助餐的布置、用料及菜品的种类大多是西餐中的焖、烩、煮类菜肴，再配上些沙拉、面包、甜点、饮料作为辅助。如自助餐的标准较高，餐厅会安排厨师现场制作一些烤、烧类菜品，客人现点现食，以保证火候和新鲜程度。

据考证，自助餐真正起源于8~11世纪北欧的斯堪的纳维亚半岛，那时的海盗们每有所猎获的时候，就要由海盗头头出面，大宴群盗，以示庆贺。但海盗们不熟悉也不习惯当时中西欧吃西餐的繁文缛节，于是便独出心裁，发明了这种自己到餐台上自选、自取食品及饮料的吃法。以后的西餐业者将其文明、规范化，并丰富了饮食的内容，这就成了今天的自助餐。很多西方专业自助餐厅现在还冠以“海盗餐厅”的名字，缘由如此。

星级酒店的自助餐一向以就餐环境好、餐具卫生状况好而著称。所以，无论是公司开招待会还是大型宴请，往往会采用自助餐的形式。自助餐可选择的菜品少则五六十种，多则上百种，选择余地较大，而且对就餐时间一般没有明确限制。第一次吃自助餐的人大多会有眼大肚子小的现象。其实，吃自助餐也是有些讲究的。吃自助餐，尽可能坚持少取、多样的原则。这对酒店、对自己都有好处。对酒店来说，避免了食品的浪费，对于自己，则可以多选择一些品种，因为西餐有一些菜品本身就比较油腻，一道菜吃多了，容易很快给人以饱的感觉。

除了大型宴会，自助餐也很适合二人世界、三四个朋友的小型聚会或商务活动，所以一般餐厅预留的餐台较小。在取食品的时候还要遵循一个原则，就是只取自己的。有些好客的主人看到好菜不禁会多取一些给同桌的朋友，反而令同伴尴尬。至于劝酒劝吃的做法，也可暂时停用。

吃自助餐时应讲究些学问。首先，在菜品选择上，不能一味挑海鲜等贵的食物。这类食物往往蛋白质、脂肪含量偏高，容易给肠胃带来负担，也会使肾脏超负荷运转。正确的用餐顺序应该是：汤、蔬菜、面类、鱼虾类、肉禽，最后吃水果。先吃容易消化的汤、菜、饭；然后是高蛋白的鱼、虾、禽、肉，最好选择白灼、清蒸等做法；最后可选些味酸的水果，帮助消化，还可清除口腔异味。

这种自助式服务的用餐方式很快在欧美各国流行起来，并且随着人们对美食的不断追求，自助餐的形式由餐前冷食、早餐逐渐发展成为午餐、正餐；由便餐发展到各种主题自助餐，如：情人节自助餐、圣诞节自助餐、周末家庭自助餐、庆典自助餐、婚礼自助餐、美食节自助餐等；按供应方式，由传统的客人取食、菜桌成品发展到客人现场烹制、现烹现食，甚至还发展为由顾客自助食物原料，自烹自食的“自制式”自助餐，真可谓五花八门，丰富多彩。

瑞典家常便饭也精彩

瑞典餐馆曾以单调刻板著称，绅士必须佩戴领带方可获准进入“体面场所”，这条规矩与只有要了一定量的蒸煮食物后才能喝啤酒和烈酒的规矩一样广为人们所知。因此，当来自诸如地中海沿岸的欧洲移民抵达瑞典时，便产生了许多文化冲撞，因为这些移民的社会行为都较为随意。但自从那时起，那些国家的移民在这个市场上开始确立自己的地位，并在饮食以及社会交往方面使瑞典习惯变得多样化。外国快餐成为瑞典年轻一代生活中不可缺少的组成部分，与传统的“家常便饭”形成竞争。

瑞典人所谓的“家常便饭”是指简单的、并不是很标准的菜肴，这些菜肴大多数是在过去岁月的经济制度、生态体系下形成的。

除了私人家庭外，家常菜主要在午餐饭馆或更加豪华的场所作为“今日特价菜”供应。这类菜中最传统、最典型的有：甘蓝泥煮咸肉、白菜炖羊肉和瑞典豌豆汤加猪肉，这三道菜都令人联想起一个家庭可能只有一个煮菜锅的时代，肉、绿色蔬菜和根茎类蔬菜只得在一块儿煮。那时，炸肉和烤肉是专供上层阶级享用的。

19 世纪中叶瑞典菜肴得到了革新，炭火铁炉取代敞开式的火炉，因此可以做肉丸、葱汁煎咸鲱鱼、白菜卷之类的新品种家常菜。这些菜是大约 3 世纪前，武士之王查理十二世和他的侍臣被迫在土耳其度过的那几年留下的遗产。

被称作“斯堪的纳维亚式”的自助餐，在国际上已经开始与瑞典饮食习惯联系在一起，但它最初也是作为一种外国烹饪而引进的，它是模仿俄罗斯的习俗，先吃可用手指取食的美味开胃小吃，饮几杯伏特加，然后再入座。

18 世纪瑞典上层社会采纳了这种习俗，并称之为“烈酒席”。18 世纪期间，“烈酒席”变得越来越豪华精致，逐渐演化成今日种类繁多的冷盆热炒的斯堪的纳维亚自助餐。今天的斯堪的纳维亚自助餐大都在沿主要旅游路线开设的酒肆餐馆中供应，特别是在周末供应，但在 12 月，全国几乎每家餐馆都供应，称之为“圣诞晚餐”。

饮食和人一样，在社会上也会上下浮动。咸得影响了人们平均寿命的咸鲱鱼，一度是瑞典无产阶级的主食，今天用香料和醋腌制的鲱鱼已成了每家餐馆自制的招牌菜。

Gravlax 是家庭和饭店节日菜谱上常有的一道菜。它的起源也很粗鄙，名字与“grave”的意义相关。夏初，大量的鲑鱼被人们从河中捕捞上来，如何储存便成了一大问题，盐当时很昂贵，所以人们就挖了深坑，把鱼放在里面，再撒上足够的盐，以确保它们不会腐烂，这样它们便能保存很久。

几个世纪以来，gravlax 是瑞典北部家庭经济的重要组成部分。400 年前，豪华住宅中的厨师们发现鲑鱼用盐、糖和香料处理后，会经历一个变化过程，这个过程会消除“生”鱼的气味，却不会使肉腐烂。这种制作方法继承了古代“酸鱼”的名称，但没有它的味道。今天的 gravlax，是瑞典对世界烹饪业为数不多的贡献之一。

另外一些菜肴则身份下降了。例如，大米布丁在 14 世纪是贵族享用的昂贵美食，现在却是家常菜谱中一道普通价廉、很受欢迎的甜点，浇的常常是当时的莓子汁制作的酱。

瑞士人富而不侈

瑞士是世界上的“首富之邦”，人均年收入5万美元，名列全球第一；每两人拥有1台电冰箱和1辆汽车。“我们没有资源，有的只是两只手。”富得流油的瑞士人把这句话当做口头禅，他们崇尚自然而简单的生活。

瑞士的产品以做工精细、质量超群著称，从手表、军刀到咖啡、巧克力，无不闻名遐迩。这些优质产品使瑞士人精细和认真的态度广为世人称道。从人均产值来看，瑞士排在发达国家前列，但瑞士人并不铺张，甚至可以说精于节俭。

瑞士人的节约体现在方方面面。诸如“吃”，不管是在星级饭店还是在街头餐馆，就餐人不分地位，不论穷富，都很注意节俭。他们请客从来不讲究排场，一般只是一道主菜，至于甜点之类，会征求客人的意见，按需提供，避免不必要的浪费。去瑞士朋友家里做客，经常看到他们用面包将盘中残羹刮尽，吃得一干二净，却没有丝毫尴尬。

瑞士人经常开车到边境的法国小镇选购食品，那里的奶、肉、蛋的价格比瑞士便宜40%。主妇买菜用筐，商店里的包装袋是纸袋。家庭用的洗涤用品大都是买简装的，回家后往旧瓶子里灌。家庭垃圾按玻璃瓶、塑料品、旧报纸和无用废物分类装入扎口的塑料袋中，以便统一回收处理。过时的旧物放在家门口，过路人觉得需要，就可以把这些旧的家具、自行车或电视机抬回家去。

瑞士的水源比较充足，但人们用水却从不浪费，所有废水都要集中处理后才能排放，净化后的水还用来洗衣服。通过下水管将雨水接进贮水池里，供冲洗厕所、洗涤衣物之用。住宅的内部装修大多用纯木材，自然、精致，虽然简单，但质量较好。

如果组织国际性的会议，订购的是最便宜的航班往返飞机票，会址选在交通方便、租金不高的宾馆，且能代办午餐，为与会者提供一杯免费茶水，多喝自己付钱。饭店不用一次性餐盒，吃多少买多少，浪费者以罚款处之。不管招待谁，都是三道菜。

瑞士节能的可贵之处在于从点滴做起，长年坚持，积少成多。煮鸡蛋就是一个突出的例子。目前，瑞士全国各地开办的训练班介绍了一种煮鸡蛋的新方法：在深平底锅里放 1 厘米深的冷水，把一只鸡蛋放在里面；当水一烧开，就立即关掉电源，让鸡蛋继续在锅里放到所需要的时间，仍然可以将其煮熟。计算结果令人鼓舞，与传统的煮法相比，这样做可以减少一半电能。如果每个瑞士人一星期用这种新方法煮一次鸡蛋，那么全国在一年中节省下来的电能足以解决一个 3 000 人的城镇一年的用电。

在全球首富的国度里，瑞士人就这样节俭地生活。不是少数人、少数家庭这样做，而是全体国民都如此，不求奢华、不摆排场，重实用、讲实惠。富裕也许并不难，难的是富而不侈，始终守住节俭的心态。

英国婚礼要求来宾自带食物

在英国结婚平均需要20 000英镑，素以节俭著称的英国人突发奇想，他们认为在生活上不但要节俭，就连新人结婚也必须精打细算。据报道，英国德文郡的奥德特·芬威克小姐和克里斯托弗·梅先生，举办了一场很特别的婚礼，其特别之处就在于，整个婚礼的花费包括婚纱、礼服、戒指、喜宴，这对新人的总开销还不到500英镑，约合人民币6 500元左右。

新郎克里斯托弗今年21岁，新娘奥德特19岁，他们已经有了一个5个月大的宝贝女儿。为了筹备婚礼，这对新人跑遍了德文郡的二手店和廉价商品店，此外，他们还不忘在拍卖网站电子港湾上淘换便宜货。就这样，他们备齐了婚礼所需的全部行头。

结婚戒指一共只花了 19 英镑。奥德特说:“我真不敢相信结婚戒指竟会如此便宜，我们是在伊尔福勒科姆海滨的一家珠宝店里买的。”

新娘的婚纱只花费了 52 英镑，是从一家二手婚纱店里淘来的。奥德特说：“我等不及要让新郎看到我穿上婚纱的样子。我的婚纱连 100 英镑都不到，等亲朋好友看见婚纱照时，他们绝对猜不到这个价格。很多新娘都希望拥有价值几千英镑的婚纱，我可从来没有这样想过。”

为新郎租礼服，算是婚礼开销中最大的一笔，总共花费了 90 英镑。本来，这对新人也打算到二手店里去买的，可是找不到一套在 90 英镑以下的新郎礼服，所以他们决定还是租一套。

整场婚礼仪式的花费是 43.5 英镑，喜宴一共花了 40 英镑。他们的喜宴没有设在四星级或五星级宾馆，而是设在新郎单位里的一块空地上；喜宴不是几十桌的大餐，而是从一家廉价超市购买了 9 人份的点心和饮料，这 9 个人包括新郎、新娘、傧相和几个家庭成员。

结婚当天一共有 40 位宾客会出席喜宴，他们吃什么、喝什么呢？原来，他们全被要求自带食物。

新郎克里斯托弗说:“每位客人都会自带点心和酒水，对此，他们丝毫不介意，相反，他们都觉得这是一个好主意!”

“一切都准备得很完美，”新娘奥德特说，“以前，我们真是想不到，有些东西居然可以卖得这么便宜。”

她还说：“英国虽然是发达国家，但现在全国的经济形势不是太好，我们的钱包也不鼓，所以我们决定举办一场经济型婚礼，这一样能给我们带来美好的一天。同时，它有一个好处，我们不会在婚礼之后欠下一屁股的债。”

新郎说：“和大多数新郎一样，有关婚礼的大部分事情，我都让新娘拿主意。她可真是个省钱高手。”

据英国一家婚礼杂志最近做的调查，在英国举办一场婚礼的平均花费是 20 273 英镑，而这对新人却只花费了不到 500 英镑，真是让人既惊叹又敬佩。在婚礼这种人生大事上，他们不攀比、不浪费，婚礼办得既经济又实惠，而且又可以从中得到幸福和快乐，可谓是一举多得。

英国王室也吃家常菜

在外人看来，经历数世纪起伏更迭的英国王室总是让人感到无比神秘。这不仅仅包括温莎公爵的传奇婚姻，黛安娜王妃的离奇猝死，就连王室的起居生活都是人们关心的话题。

王室崇尚节俭饮食

2007 年 9 月，英国王储查尔斯宣布，他要写一本介绍英国王室成员膳食喜好的书，几个月后，这本书终于问世，人们得以从字里行间了解到更多有关这个欧洲皇族的真实生活。

在这本《公爵原味食谱》一书中，查尔斯历数了数百年前维多利亚女王心爱的美食，包括：文火烧烤出的羊肉、柠檬果酱以及用圣诞大餐的残余制成的三明治，这些至今仍是英国王室餐桌上的常见之物。其实，这些食物及做法在英国只能算得上家常菜，这也可见英国王室在饮食上还是相当简朴的。

女王钟情天然食品

伊丽莎白二世追求自然、健康的食品。这句听起来并不为过的话，在今天其实是一种较为“奢侈”的行为了。英国的农作物主要以进口为主，其中普通百姓每天吃的饭菜也多是转基因的食品。不过女王还是坚持吃自然种植的谷物制成的面包，尤其是她最爱的胡桃面包。

此外，女王也一样钟情王室传统的黄油布丁、冰淇淋以及威尔士专门出产的烤嫩羊肉。但体重永远保持在 105 磅的她，自然不会让自己多吃这些。除了新鲜的水果外，女王还坚持饮用温莎附近出产的矿泉水，这被认为是年过八旬的英国女王至今看起来容光焕发的关键所在。

“王子”饼干价格不菲

事实上，不仅女王借饮食之道来养生，英国王室其他成员也同样如此。《公爵原味食谱》的作者查尔斯王子,一直以来都倡导绿色食品。他曾经还批评麦当劳快餐对英国年轻一代的健康所产生的负面影响。对他自己来说，各色有机蔬果是其主要的盘中餐，而鲑鱼、野鸭等也是他肉食类的最爱。

除此之外，酷爱美食的查尔斯王子更是“公爵原味”的品牌创始人，旗下有食品、个人护理产品、家庭园艺用具三个系列数百种产品，饼干、曲奇、巧克力、水果派做工精细，每一块上面都印有充满英国风情的“公爵原味”标志。不过，打上“王子”烙印的食物价格可不便宜，一小盒最普通的饼干售价也要超过60元人民币。

中医食疗受青睐

伴随着新一代的成长，英国王室也遇到了一些问题：男性成员似乎都有谢顶的传统。查尔斯的大儿子、年轻的威廉王子前段时间也出现了脱发问题，这让王室感到忧心。在药物治疗的同时，威廉王子被要求食用芝麻、核桃等生发食品，但最终的食疗效果并不理想，医生们最终向王室建议，最好的办法可能还是植发。有人说，威廉王子食用芝麻、核桃的办法来自父亲查尔斯，他一直对包括中医食疗在内的养生之道很感兴趣。

尽管民间有着关于英国王室饮食的种种传言，但在《公爵原味食谱》亮相之后，人们却看到，神秘的欧洲皇族生活，其实和普通人没有太大的区别。

最受韩国人喜爱的廉价生日食品

提到庆生食品，我们通常会想到那些价格昂贵、稀有的食物。事实上，在我们的生活中，许多价格低廉、非常普通的食品亦是庆生佳品。

韩国人每次过生日的时候，总会点喝上一碗海带汤，这是为了纪念他们的母亲。原来，海带汤是韩国孕妇产后的补品。孩子过生日时喝海带汤是为了表达对母亲的敬意。

韩式海带汤味道清淡，有加牛肉或蚬等不同的做法。加牛肉的比较滋补，有助于降低海带的寒性，加蚬的则味道比较鲜美。如今，只有传统的韩国料理店还在卖海带蚬肉汤。

韩国人素有吃海带的传统，他们认为海带价钱便宜又营养丰富。韩国人认为藻类有益产后的调理，海带汤也被他们视为滋补圣品。据营养师介绍，海带含丰富的蛋白质、维生素 A 以及矿物质，比一般纤维更容易消化吸收，能帮助排便，吃后不但不用担心发胖，而且对产后瘦身很有帮助。海带中所含的热量较低，胶质和矿物质较高，可抗衰老，是理想的女性健康食品。海带在韩国常见的吃法是加醋凉拌，或者放点蒜末做成韩式海带汤。

据说，韩国人注重食疗，他们看到鲸鱼受伤时会找海藻类食物疗伤，于是受到启发，开始用海带来调理身体。现在，韩国女人产后都爱喝海带汤，而且一喝就是 3 个月。

制作海带汤时，要注意切牛肉的时候要横着切，不要顺着牛肉的纹理切，否则口感不好。煮汤的时候，可以放入用过的茶袋，这个袋子可以吸收煮汤时的浮沫。这样煮出的海带汤效果更佳。

百味杂陈：口味丰富的韩国泡菜

韩国泡菜走向世界，还得从1988年的汉城奥运会说起。当年不少欧美国家的运动员第一次尝试酸辣鲜脆的韩国泡菜，均赞叹不已：吃油腻的东西时来点泡菜，可以爽口；跟清淡的东西一起吃，则更令人感觉清新；自然发酵而成的韩国泡菜更具有药用价值。

美国专业保健月刊《健康》杂志将泡菜评为世界五大健康食品之一，并称泡菜含有丰富的维生素等人体所需重要元素以及乳酸菌，不仅有助于消化，更有研究表明，发酵白菜还具有抑制癌细胞生长的作用。此外，《健康》杂志还强调泡菜富含纤维质，是理想的低脂肪减肥食品。于是，西方人将泡菜的地位类比为西餐中奶酪的地位。

而对于韩国人来说，没有泡菜的饭桌简直令人难以想象，每家都有专门储藏泡菜的泡菜冰箱。泡菜辛辣，味道香浓，非常爽口，也可充当调味料。即使是发酵了一个冬天的泡菜，吃起来也如新鲜白菜般爽脆。

特别是前几年中国一些地区发生“非典”，但韩国没有一例病例，因此被推断是因为韩国人经常食用泡菜的缘故。这也带旺了泡菜在中国的流行。相对而言，中国菜的油比较重，吃泡菜就有不少好处。

泡菜可有百味。最有特色的就是在制作泡菜的过程中加入鱿鱼，将活的鱿鱼切开，放入泡菜中，风味独特。不少韩国民众会在泡菜中加入生蚝、明太鱼、松子等食品。依地区、季节或材料不同，韩国总共可以划分出 200 多种泡菜。

如同酿酒年头越长口味越佳一样，泡菜腌泡时间越长口感也越好。现在最流行的就是 3 年成的泡菜，搭配五花肉吃。而在家做的泡菜，一般是现腌现吃，适合夏季吃的泡菜有不少，如黄瓜泡菜，在用食盐腌制过的黄瓜中塞入调味品后制成，是适合夏天腌制的泡菜，脆脆的黄瓜和清爽的汤汁别有风味；“冬至美”是将整个萝卜用盐水腌制而成的冬季泡菜，泡菜缸埋在地里，随吃随取，既清凉又爽口；小萝卜泡菜是用小萝卜腌制而成的泡菜，辣椒面和调味品充足，在夏天也可长时间保存。

高档泡菜非常注重原味，通过放各种水果、坚果等来自然增加甜味。当然，泡菜也在不断创新。现在，用泡菜不仅可以做出泡菜汤、泡菜煎饼以及泡菜炒饭等多种料理，近年来新出现的泡菜比萨饼、泡菜汉堡包也受到人们的喜爱，更有人将高丽参和泡菜结合，推出特色人参泡菜。

韩国泡菜依然遵循这个法则：白色的魔芋丝、绿色的贡菜、黄色的胡萝卜，还有传统的辣白菜，红色的辣椒让人看了胃口大开。连韩国人自己也常说，“我们是在泡菜坛子里长大的，泡菜对我们来说，就是民族传统饮食文化的象征之一”。韩国的泡菜有三千多年的历史，在中国的《诗经》里出现的“菹”字，被解释为酸菜，韩国人认为这是世界上的文献首次用文字记载泡菜。由于韩国所处的地理位置冬季寒冷、漫长，所以在韩国的古代，泡菜在腌制过程中产生的大量乳酸菌，是韩国人从食品中取得必要营养的一种途径。最初的泡菜只是用盐来腌制蔬菜，到 16 至 17 世纪，传进来的辣椒使泡菜的制作出现了革命般的变化。由于韩国海多，辣椒去除了用鱼类制作泡菜的腥味，所以被当做香料使用，从此开始诞生了种类数不胜数的韩国泡菜。泡菜的原料是新鲜的蔬菜，它们往往富含多种维生素和钙、磷等无机物，既为人提供充足的营养，还能预防动脉硬化等多种疾病。因此，泡菜成了韩国国宴上的常客。难怪韩国人都津津乐道：“一份泡菜一份情，是人之情融进了传统的饮食之中。”

大麦茶：韩国人的常备饮料

据记载，中国茶传入朝鲜半岛时，被当地人看成是一种有助于修行的饮料，饮茶之风曾随着佛教的兴盛达到顶峰。到了朝鲜王朝中期，儒教兴起，饮茶逐渐式微。渐渐地，具有药用价值的各种汤，包括药丸和膏熬成的汤，都被称为“茶”。韩国别具特色的茶文化便从此开始了。

在汉城著名的老街仁寺洞街随意选一家韩国茶馆坐定，身着传统韩服的伙计捧上来的茶单让人感到琳琅满目却又不知所措。大麦茶、玉米茶、柚子茶、大枣茶……没有一样有茶叶的影子，却赫然都冠着“茶”的名字。据伙计讲，韩国有“药膳”的传统，讲究食补，百味皆可入日常饮食，像人参这样的珍贵药材自然可以做菜、做茶，而大麦、玉米这类五谷杂粮，在韩国人看来也是上好的“茶叶”。

在这些茶之中，最有名的应该就是大麦茶了。伙计初端上来是装在精致的茶壶里的，看起来平淡无奇。然而轻轻倒入茶杯，浓浓的麦香顿时弥漫了室内，氤氲中似乎让人看到了秀丽的田园风光。啜一口，浓郁的香气和清爽的口感混合成为一股暖流直入肠胃，真是说不出的舒畅。

大麦茶还有另一种喝法。据说，大麦茶除了趁热细品，也可以当做冷饮，在夏天喝特别淋漓畅快。一壶冰镇过的大麦茶，颜色比热饮略深，香气也没有热腾腾的时候浓郁。口感却有些微苦又带甜涩，浓浓的麦香顿时在嘴里化了开来，果然清新而爽口，一身的燥热须臾间消失无踪。似乎冰镇过的大麦茶把香气和味道统统锁在了茶里，只有喝的人才能体会得到。

大麦茶的妙处，其实在中国也早有发现。据《本草纲目》记载:“大麦味甘、性平、有去食疗胀、消积进食、平胃止渴、消暑除热、益气调中、宽胸大气、补虚劣、壮血脉、益颜色、实五脏、化谷食之功。”不过，真正把大麦茶的文化发扬光大的，却是韩国人。大麦茶能增进食欲，暖肠胃，所以几乎所有的韩国餐馆都将它当做餐前茶奉上。而吃完韩国烧烤之后，喝一壶大麦茶，也能清清肠胃里的油腻，帮助消化。在很多韩国家庭里，大麦茶更是常备的饮料。

可以毫不夸张地说，对韩国人而言，大麦茶不仅是日常生活不可缺少的东西，更是韩国饮食的骄傲之一。

韩国的反季节饮食习惯源于韩医

每年的隆冬时节，韩国最流行的食物不是烤肉，也不是各种热汤，而是冷面。冬季是韩国大大小小的冷面店生意最红火的时候。

韩国的冷面大多以荞麦或马铃薯制成，分为水冷面和拌冷面两种。前者吃的时候配以冰凉的肉汤、蔬菜、牛肉和煮鸡蛋，后者则直接用辣椒酱拌着吃。之所以叫“冷面”而不叫“凉面”，是因为它绝对够“冷”。尤其是水冷面，即使在冬天，吃的时候也是带着大冰块上桌，看着都让人打寒战。

相反，到了炎炎夏日，韩国人又一窝蜂地去喝参鸡汤。所谓参鸡汤，就是在仔鸡的肚子里塞上糯米、人参、大枣、板栗等材料，炖制成汤。喝的时候还要盛在烧得滚烫的石锅里，以保持汤的温度。汉城有好几家老字号的参鸡汤店，每到夏天，尤其是三伏天，每家店门口都会排起拐几道弯的长队；可到了冬天，这里的客人却寥寥无几。

韩国人认为他们这种与季节反着吃的方式很有道理，认为这才是顺应气候变化的饮食方法。很多韩国人认为：冬季天气寒冷，如果吃过于燥热的食物，使人体内的温度与环境的温度相差过大，反而容易患感冒等疾病；同理，夏季贸然用冰冷的食物降低体温，以求得一时的清凉快感，也是不可取的。

韩国传统医学有“天人合一”的理论，也就是人体内的小环境要与自然界的大环境相协调，才能使人更顺应自然界的变化，增加人体对外界不利影响的抵抗力。这也是他们喜欢冬天吃冷食物、夏天吃热食物的原因之一。

此外，韩国还有“以热治热”的说法，夏天喝参鸡汤就是最好的例证。韩医认为，夏季天气炎热，人体大量排汗会导致能量和营养排出，此时需要进补。而制作参鸡汤所使用的是未经加工的新鲜人参，俗称水参，能起到“凉补”的作用。同时，鸡肉性凉，红枣、板栗等辅料性质温和，搭配在一起正好可以满足夏季进补的需要。制作冷面的荞麦和马铃薯，则是性质温和的食品，符合冬季进补需要。现代医学证明，荞麦粉营养丰富，有降低血脂和胆固醇、软化血管的作用。寒冷的冬天，韩国人喜欢和家人朋友围坐桌前，吃烤肉等高脂肪食物。而冰冷的荞麦面条和肉汤中添加的食醋，正好可以化解油腻、分解脂肪。

日本天皇赐宴有点“寒酸”

在日本这个君主国中，天皇接见之后赐宴，对于日本人来说算是荣耀的事情，这种仪式，例由作为国家象征性元首的天皇夫妇来做。参加授勋的多为老者，到达皇宫后，由礼官把他们带到被称为松间殿的殿宇，由天皇接见并讲话。据说，日本的天皇讲话老百姓能够听懂，这本身就是一个进步。理由是二战结束前，天皇一家只讲被称为“鹤音”的古代日语，如果没有翻译谁也不会明白天皇说的是什么意思。

说起日本天皇赐宴倒是个新鲜事，在日本的新闻中，对天皇吃什么一向是报道的禁忌，日本人一般也不知道他们的“皇上”是吃什么饭长大的，所以大家一直对天皇吃什么有特殊的兴趣，一直想知道天皇的赐宴到底是何种大菜。原来，天皇赐宴，吃的是日本正宗的“怀石料理”。

在中国，说吃大菜那可有很多选择，任何一个菜系都可以轻易布出八盘八碗的盛大席面来，尚不论满汉全席这样的豪华制作，只论清朝河道总督开宴就有“一吃三天，客人纷纷逃席”的记载。可是在日本若说“吃大菜”就比较勉强了，多高规格的日式宴会都绝难和“大菜”联系起来，那盘子、碗的确很大，可内容呢？十几道菜下来，基本也就是个不饿的水平，饱是根本谈不上的。

传统的日本料理，强调的是一个气氛，目的并不是让人吃饱，而是要让你体会一种文化，大有将吃饭化作一种修行手段的意思。只是日本料理盘子、碗外边的东西的确丰富得很，吃完饭问起印象，很少有人会回忆起吃的什么，只会说餐具如何精美，摆设如何讲究，甚至女招待的服饰如何漂亮。有人说日本料理是“看”的宴会，所言不无道理。

所谓“怀石料理”，又名“茶怀石料理”，其本意不过是“点心”，来历还有点儿寒碜。日本古代崇尚茶道，高手甚多，在一起品茶，便成为一种风雅的时尚。日本明治维新以前，耕地不足，长期粮食匮乏，民间普遍采取一日两餐，即早晨一餐，中午一餐。“过午不食”的生活习惯，连将军、武士亦为表现与民共甘苦而不能例外。而且，其中早晨一餐，也不过是萝卜酱汤加一个饭团的水平，远不如中国殷实农民“三大碗饭吃饱下地干活”的实惠。就这样让风雅人物们常常在饥肠辘辘中品尝茶道，如何能够有好的感受呢？于是，细心的主人往往为客人准备些茶前的点心，称为“怀石”。这种做法，据说首创者是元禄时代的高僧千利休。

为什么取这个名字呢？原来古代日本的禅宗僧侣也饱受饥饿之苦，无奈之中采用一种类似三年困难时期晒太阳减少粮食消耗的办法解决问题。在僧侣怀中放些烤热了的石头掩耳盗铃，来驱赶饥饿。将充饥的小点心称作“怀石”，算是日本人的一点幽默感。还有一种说法干脆将“怀石”认为是对僧侣的代称，因为茶道高手多是禅宗和尚，他们提供的点心，也就被称作“怀石料理”了。

作为一种产生于贵族环境的料理，怀石料理带有较强的宫廷特色。作为正式饮宴，它有着繁琐而规范的食用程序。其必不可少的菜式包括一汁三菜，汁即日本独有的酱汤，三菜，即生鱼片、煮炖菜和烧烤菜，当然，以此衍生的菜肴，往往达到十几道甚至几十道。

或许由于宫廷或贵族饮宴往往各自一席，因此怀石料理的菜肴都是每人一份，没有大家从一个盘子里盛菜的情况，更加体现个人自斟自饮，直入玄妙之境的追求。也许因为这个原因，将其与围炉而坐、喧嚣热闹的中国大菜并列，确有些为难。

但并不是日本天皇家吃饭就是怀石料理。天皇家的御厨叫做“御料理番”，名义上天皇家的饭菜和以天皇家名义对外办的宴席，都出自“御料理番”之手，但吃的饭却是各种各样。以天皇自家平日的饮食来说，从菜谱看都是颇为普通的鳗茶渍、明太鱼子拌饭之类的食品，只是用料精致而已。天皇参加与外国政要会见的宴席多用西餐。只是与臣民吃饭，则必称“赐宴”。赐宴也有若干种类，最简单的是参加天皇外出出席的活动，就可能得到“赐宴”，内容不过是一个漆盒，里面一条烤鱼和几块压制成菊花形状的点心而已。正式的宴席，则在丰明殿，讲究“君臣之别”的形式，规模宏大，吃在其次。比如，日本天皇过生日“大宴群臣”的时候，几百位议员和来宾只有依次送上的四菜：生鱼片、烤鱼、鸡蛋羹、煮鲤卷，此外一汤一饭而已。席间按程序讲话的却有七八位，起立坐下不断，大多数客人来的目的不是吃，而是可以把天皇赐宴时席间的筷子带回去和别人炫耀。大概唯一以吃为主题的赐宴就要算怀石料理了，这算是一种便宴，主要对象是民间人士，这个时候吃主题与时令息息相关的怀石料理，算是照顾大家不拘束并吃得好，以表示天皇与民同乐的想法。但至于是否吃好就是仁者见仁、智者见智的事了。

“十秒钟规则”独特的日本“寿司文化”

寿司是日本料理中独具特色的一种食品，寿司是它的汉语译音。据说，寿司的制作方法是和水稻的种植技术一起从中国传到日本的。目前，经营日本寿司的餐馆几乎遍布世界各地，寿司也因此成为了各国人民喜爱的食品。究其原因，除了寿司的风味特色之外，也和精明的日本商人善于营造“寿司文化”氛围，不断地改进寿司的制作方法，别出心裁地推出新的寿司品种有关。

寿司的种类很多，按其制作方法的不同，主要可分为那玛熟寿司（“那玛”在日语中是生的意思，而“熟”在日语中是腌渍、发酵的意思）、压寿司、手握寿司、散寿司、棒寿司、卷寿司、鲫鱼寿司等，而其中鲫鱼寿司被看做是日本料理中最著名、最具代表性的依古法制作的寿司。

鲫鱼寿司是以鲫鱼、米饭和精盐为原料，经过长达几个月的腌制和发酵制成的。用这种方法制作的寿司，原料中会产生大量的乳酸菌，给成品添加一种特殊的酸味，而且这些乳酸菌本身亦有防腐作用。

不过，今天这种用古法制作的寿司已不多见。现代日本寿司大多采用醋拌米饭的方法来加工其主料，而且由于米饭中一般要加入四种以上的调料，故寿司又有“四喜饭”之称。

寿司虽然是一种外来食品，但是其制作方法并不复杂。在制作中，只要掌握好寿司的选料、寿司的配比和寿司的调味料等几个方面，就能够制作出色、香、味、形俱佳的寿司来。

吃寿司是很有讲究的，因此寿司料理店有一个“十秒钟规则”。寿司料理店的师傅做好寿司后，放在你面前，过了十秒，你若还没吃，就形同放弃，旁人吃之无妨。

寿司师傅费尽心思帮你做寿司，刚做好的那是最好吃的时候，却有人慢条斯理地一会儿抽烟、一会儿聊天、一会儿喝酒，迟迟不肯动筷，这是对寿司师傅最大的失礼。料理上桌后，要马上吃，这是用餐礼仪。

拍料理的照片时也是一样。如果没有在料理刚做好的瞬间按下快门，料理就会逐渐“死去”。料理是活的东西，它有灵魂。所谓料理“死去”，是指料理被氧化。

寿司师傅每次在切完生鱼片之后，都会尽快包好，放回冰柜，再做其他的事。寿司师傅这么小心翼翼地怕生鱼片氧化，你却迟迟不吃，即使筷子已经夹住了，却还口沫横飞，聊个没完。这样就太对不起寿司师傅了。因此可以视为已经放弃吃的权利。

当寿司师傅把刚做好的寿司递给你时，你通常不应放在桌上，而是直接送入口中。不只寿司如此，其他所有的料理也是一样。有些人为了炫耀其博识，在餐厅高谈阔论。结果，在他高谈阔论的过程中，料理却“死了”，变得不好吃了，证明他是个冒牌货。

宴会时，迟迟不肯碰料理的人也不是生活高手。料理的生命如此短暂，因此端上桌后立刻吃，才能表示对厨师的感谢。若有人先动筷吃的话，其他人就很容易跟进。大家互相客气，迟迟不愿动筷是不行的。别多言，勿客气。既然料理这么好吃，那就先吃了再说吧。

"地道拉面"日本饮食文化的代表

日本的物价很贵，相对而言，拉面则显得物美价廉，因而成为大众饮食中的宠儿。在日本，拉面馆极为普遍。而在面馆内，常常挤满西装革履的上班族，他们或坐或立，人手一碗，吃得满头大汗，加上日本人又习惯喝汤不用汤匙，端起来喝得咝咝作响，所以拉面馆总是人头攒动，怪声四起，是观察日本众生相最好的地方。许多人都以为拉面是日本发明的，甚至有许多中国人也有同样的误解。其实，拉面是一种源自中国却成名于日本的食品。今天，拉面已经成为代表日本饮食文化的一种食品。中国的拉面跑到日本后成名了，还在国际上出了名。被冠上"日本拉面"的名字后，拉面成为了一名"海归"，在日本料理的光环下重返中国大地。

1665年，明朝的儒学者朱舜水接受当时的日本官员的招待时，献上了中国的汁面，可是这种中华面当时并没有广泛地传到一般的庶民当中。后来，明治时代的神户、横滨等地的唐人街开始提供南京面。1921年，札幌拉面的始祖“竹家食堂”经过一番研究，制成了当时的札幌拉面——酱油拉面，而非现在闻名的味噌拉面。

让拉面真正普及起来的，是战后从中国移居到日本的中国人，他们经营的中华料理店或街边小店开始在日本不同地方出现。材料便宜而营养丰富的拉面，正好是战后物资缺乏时最适合的食物，渐渐地成为大家最常吃的料理，也理所当然地成为日本人最喜爱的料理。1958年出生于台湾台南市的吴百福（日文名安藤百福）发明了方便面，创立日清食品公司。拉面也日渐成为流行的方便食品。

20世纪六七十年代，拉面在日本各地已经成为独特的文化。到20世纪80年代后期，日本各地都有人研发别具地方风味的拉面，这些在日本各地发展起来的独特的拉面文化逐渐被定型了，例如札幌拉面、旭川拉面、博德拉面等都被称为“地道拉面”。到了20世纪80年代，日本拉面成了日本饮食文化的代表之一，不少人晚上喝完酒后，都会说“要不再去吃碗拉面”。日本拉面的烹调技术及风味也分成多种流派，基本来说是分成了北、中、南三大区域。日本三大拉面就分别是札幌拉面、博多拉面、喜多方拉面，其他还有东京拉面、熊本拉面、德岛拉面、歌山拉面和长崎拉面。

拉面汤料味道大致分为四类，骨汤面、清汤面、酱汤面、酱油汤面。现在最受欢迎的还是酱汤拉面。酱汤面以日本的大酱为原料，酱香味浓。酱油汤面一般以酱油为原料。但不管何种拉面，各家汤料中一般还要加入自家的独特味道，如放入海带、竹夹鱼和青菜甚至苹果等，让各种汤料各具微妙的味道。

在日本的新横滨还设立了“拉面博物馆”。馆内，依日本拉面的口味分成四大类，即横滨、博多、札幌及喜多方。横滨拉面发源于横滨中华街，接近中国面的风味；博多又名福冈，是北九州的大城，其拉面以猪骨熬成的浓白高汤最出名；札幌是北海道的第一大城，其特产拉面以汤水浓郁、面条粗韧有劲，配料传统，简单美味却不花哨见长。喜多方拉面的特色在于它的汤底，那是用猪骨、海鲜贝类熬制成的拉面汤底。与又直又细的博多拉面不同，喜多方拉面的面身是扁平、卷曲的，咬下去口感比较厚实，但拉面依然爽口弹牙。

方便面被称为日本的"国民食品"

当方便面走入了寻常百姓家时，大家或许再也不像当初刚吃的时候那么兴奋了，经常以它为生的人或许看见了都会恶心，不过就是这个现在最常见的食品，成了20世纪最伟大的发明，也给许多人带来了意想不到的方便。

有人认为，方便面的发明者一定独具慧眼。事实上，这一发明算得上是"被饥饿催生的灵感"。当年安藤百福偶尔经过一家拉面摊，看到人们顶着寒风排长队，不由萌生了一个念头：制造一种加入热水就能食用的速食面。商人的职业敏感也让安藤感觉到这会是一个巨大的需求，就这样，饥饿催生了他的发明灵感。

1958年春天，安藤开始开发方便面。安藤设想的方便面是一种只要加入热水立刻就能食用的速食面。他为此设定了5个目标：第一，味道不仅好吃而且吃不厌；第二，可以成为家庭厨房常备品且具有很高的保存性；第三，简便，不需要烹饪；第四，价格便宜；第五，由于是食物，必须安全卫生。

刚开始的摸索阶段，安藤早晨5点起床后便立刻钻进小屋，一直研究到深夜一两点，睡眠时间平均每天不到4小时。这样的日子持续了相当长的时间。有一天安藤夫人在下厨时，原本奄奄一息的鸡突然跳起来，吓坏了正在旁边的儿子。从此之后儿子不仅不吃鸡肉，而且连以前喜爱的鸡饭也不吃了。但是，有一天安藤的岳母把鸡汤放在拉面里，儿子居然吃得很香。就在那时，安藤决定方便面也用鸡汤。安藤现在回想起来，这个决定还是很合理的。在方便面打入国际市场后，还没有发现不吃鸡肉的国家。

1958年8月25日，世界上第一份方便面"鸡肉拉面"正式上市，定价35日元。从当时日本物价水平看，方便面定价不菲。有人冷言冷语说，"鸡肉拉面"会有销路吗？不料，在市场宣传、免费品尝等攻势下，方便面很快在日本列岛掀起热潮。不断有好奇者打来电话询问："听说你们那里有加热水就能吃的魔术拉面。"同年，安藤将中交总社易名为日清食品公司。1968年，日清王牌产品"出前一丁"诞生。

1971年，日清首次推出杯装即食面，随即风靡全球，就连日本的航天员也在太空品尝了方便面。目前，日清公司的分支机构遍及中国、美国、巴西、荷兰、印度和新加坡等地，公司每年销售额超过 3 000 亿日元，也正是因为这样，方便面的价格不断下降，给人以价格低廉的印象。

1979 年，好侍食品公司开发了一种速食猪骨拉面，这是一种盛行于九州地区的拉面，因为在汤中加入了猪肉而具有独特的风味。这也让其他公司开始研发具有地区特色的产品。不久，在北海道、东京、大阪和九州等地区，出现了不同类型的方便面品种。这些具有浓郁地方特色的方便面至今仍受到人们的欢迎，目前，甚至出现了具有某一著名餐厅风味的方便面。

在 20 世纪 80 年代，许多价格较高、迎合高消费阶层的方便面投放市场，改变了人们对方便面"价格低廉"的印象。到了 1989 年，"新鲜"面，也就是未经脱水处理的面条开始销售。制作这种面在技术上的难度很大。

近几年，随着人们健康意识的增强，中国城市居民对方便面越来越"瞧不上"了，甚至觉得它是"垃圾食品"。可是，方便面在日本人的餐桌上却占据着不可小视的位置，被称为日本的"国民食品"。

2006 年 11 月，日本即席食品工业协会以东京和阪神地区 12 岁以上的 604 名居民为对象，采用面对面问卷调查法，进行了方便面购买和食用的调查。结果发现，半数日本人午餐吃方便面，方便面的受欢迎程度远高于其他面条类食品，如拉面、炒面等。受访者普遍认为，方便面"便于保存，价格合理，烹调简单，安全营养”。

说到方便面的方便性，没有人会质疑；但说到“安全营养”，恐怕很多人都会摇头。但在日本却能感到，日本的方便面在“安全、营养、健康”方面，做了很多努力。

近几年，日本的方便面生产企业一直致力于“减盐，减油，增加蔬菜”，知名品牌的方便面里只有蔬菜包和调料包，没有油料包，仅靠调料包调出各种美味的汤汁。另外，部分企业还推出口感更好、适于微波炉烹调的方便面，还有“五目”方便面，配料中不但有更多蔬菜，还有营养丰富的鹌鹑蛋。配料满满当当的，看起来不比面少。

为了纪念这个伟大的发明，1999 年，喜爱方便面的日本人，甚至还给“它”建了一个纪念安藤业绩的拉面博物馆，在池田市开放。纪念馆的门票是免费的，一层以介绍方便面发展为主，放映卡通纪录片，以“方便面之父”安藤百福自述的口吻讲述发明方便面的过程。二层主要包括“手工鸡味拉面作坊”和“我的杯面作坊”。到了 2006 年，纪念馆入场者突破了 100 万人。

在这里，让游客亲手制作一个“属于自己的方便面”，是纪念馆的招牌项目。游客只需交一点成本费就可以体验和面、调味、设计方便面包装的过程，制作一个独一无二的方便面。

现在，市场上有许多不同种类的方便面，有多种口味可供人们选择。新的品种也在不断生产出来，目前在日本销售的方便面大概有 800 多个品牌。

日本人对蘑菇情有独钟

日本人对蘑菇情有独钟，特别是对松茸，几乎到了“崇拜”的地步。因为松茸的营养成分居菌类榜首。每到松茸上市的季节，所有的超市或者大型百货店的食品销售层都会为松茸让出最抢眼的位置招揽顾客。尽管摆在那里的松茸价格昂贵，但仍备受追捧。用他们的话说——“松茸就像我们的生命一样宝贵。”

日本人最爱松茸

松茸那独特的香味让日本人陶醉和向往。因为松茸在日本属于高级菜肴，平时很少可以买到，很多人一年也吃不上一两次。而且，日本自产的松茸很少，大部分需要从中国、韩国等地进口，也使松茸的身价倍增，普通民众更是遥不可及。但这并不能撼动松茸在日本人心目中的地位。

日本人用松茸可以做出多种菜肴，最常见的是松茸米饭，家庭富裕的人则喜欢直接把松茸放在火上烤熟了吃。松茸含有丰富的松茸素、桂皮酸等，有些专家认为松茸具有一定的抗癌作用。此外，在蘑菇类中，松茸的维生素 D、维生素 B2、钙含量也是最高的，因此被日本人誉为“蘑菇之王”。

蘑菇保健品也很受欢迎

在健康食品受到追捧的今天，以蘑菇为原料开发的保健品自然少不了。尽管价格很高，但销路还是非常不错的。人们相信，蘑菇可以给健康带来意想不到的好处。

还有一种叫做“灵芝粒”的保健品，是目前“蘑菇保健品”中最受欢迎的一种。这种产品最初由美国科学家研制，后经日本学者进一步研究，发现其中所含的营养成分超乎人们的想象。因此，有关企业已经申请了专利，希望蘑菇也可以给他们带来财富和好运。

蘑菇能防很多病

除了松茸之外，其他种类的蘑菇也非常受日本人的欢迎。

在日本超市中，每天都有不同种类的蘑菇销售。其中最受欢迎的是香菇和鲜金针菇。香菇中不仅含有大量人体必需的鸟氨酸和谷氨酸，而且从中可提取出一种名为“香菇多糖”的物质。这种物质可以通过精炼制成药物，用于癌症的辅助治疗，这让热爱蘑菇的日本人更将香菇当成食疗之宝。香菇还可以增强免疫力、降低血糖、强化心脏、调节血压、抗血栓、抗病毒等。孩子们如果吃了新鲜的香菇，还有保护牙齿的作用。

更有研究发现，微量元素硒对肝癌细胞具有选择性杀伤和抑制作用，对正常肝细胞却没有明显影响。显然，补硒可成为人们预防肝癌、防治肝病的有效措施。人体内存储硒的能力很弱，因此，需要经常食用含硒较高的食品才能获得足够的硒。蘑菇就是摄取硒的最好来源。蘑菇中所含的硒元素，不但数量较高，而且容易被人体吸收。尤其是喜欢喝酒的人，蘑菇能够帮你远离肝病。应酬不断的商界人士常为了工作需要而穿行于杯盏之间，这时别忘了多吃点可口的蘑菇，它能呵护你负担过重的肝脏。

另外，蘑菇还是一种较好的减肥美容食品。蘑菇含有大量无机质、维生素及蛋白质等成分，作为减肥食品最优秀之处，在于它含有高于所有植物的纤维素，具有防止便秘、降低血液中胆固醇含量的作用。而且蘑菇属于低热量食品，几乎没什么热量，不用担心食用过量的问题。蘑菇还有解毒作用，帮助各种有害物质排出体外，使身形轻盈苗条。

土耳其民间美食源于宫廷

土耳其烤肉香嫩可口

有人说，世界上最讲究吃的是中国，第二是法国，第三是土耳其；也有人说土耳其美食是东方的法国料理。如想感受土耳其菜肴的魅力，就请品尝一下土耳其烤肉。烧烤是土耳其人的主要饮食方式。在他们眼中，无物不可烤，无烤不成食。例如烤肉饼和阿达纳烤肉圈，烤羊肋、鸡排、肉串，还有烤西红柿、青椒、洋葱，数不胜数。

土耳其烤肉快餐起源于古老的土耳其帝国宫廷烤肉宴会，后流传至民间，因其制作方式简便快捷，味道鲜美独特而蔓延整个中东地区，20 世纪 60 年代传入欧美，后来又传到了中国。

土耳其烤肉有几种，比较常见的有转烤，起源于土耳其首都安卡拉所在的地区，转烤的主要原料是牛肉、羊肉或鸡肉。在肉中加入适量的盐、酸奶、牛奶、洋葱后搅拌，再抹上油，最后用一根粗大的铁棍将肉一片片地穿起来，做成一个巨大的肉团。厨师不停地转动铁棍进行烧烤。当靠近烤炉一侧的肉烤熟后，厨师就把这一侧转过来，用一把长刀将上面的肉一片片地切下来。切下来的薄肉片用托盘上的油搅拌之后即可食用。转烤肉比较干，烤时火候很重要，火候掌握得好，烤肉的肉质鲜嫩，色泽油亮，香嫩可口，不油腻、营养均衡，入口后的香味让你永生难忘。

在土耳其吃烤肉，一定不要错过安卡拉羊排。羊肉带着油脂，烤成金黄色，咬一口肥而不腻，齿颊留香。吃土耳其烤肉，一定要伴上酸奶才算正宗。酸奶不仅营养丰富，而且有助消化的作用。很少有人知道酸奶的故乡原本就是土耳其。酸奶可放在菜里当沙拉酱，也可淋在烤肉上。最特别的是优酪乳加盐，口味独特，老少咸宜，实在不容错过。

人们也把这种烤肉称作“卡巴”，在土耳其是指串烧，一大串牛肉卡巴拿在手里也非常有分量，仿佛能感受到土耳其人民热情、好客、豪爽的民风。大块现烤现切的牛肉，由于块头较大，要一块肉必须分作三口吃，中间以青椒、胡萝卜片镶嵌，吃起来感觉豪爽，又不油腻。

异域红酒养生法

说起土耳其饮食，人们首先想到的必然是烤肉。但酷爱烤肉的土耳其人很少得心血管疾病，这似乎有悖我们的常识。原来，他们有自己的健康法宝——红茶和红酒。

红茶：土耳其人称茶为“恰伊”。这个词来源于汉语，但他们对茶——尤其是红茶的喜爱，似乎更甚于中国人。一般的土耳其人，每天至少要喝10杯红茶。不论上班、聊天、等人、等车、会朋友、谈生意、闲余餐后，都得来杯茶。在土耳其，无论城市还是乡村，只要是供人休息的地方，就有茶馆或茶座。红茶“走卖”更是一景——街上穿梭着送红茶的伙计，大大的圆形托盘上放着曲线优美的郁金香形迷你小玻璃杯，里面装着通红的茶汁和一支小匙，放在一个小玻璃托盘中，盘子里还放有两三块小方糖，饮茶者可自行取用。商店要有顾客光临，无论生意做成与否，总是先以茶款待，以示尊敬。土耳其营养专家表示，茶可增强免疫力、预防许多癌症；还可降低体内胆固醇水平、防龋齿、清肝、降压、保护血管。

红酒：俗话说“红肉配红酒”。红葡萄酒也是爱吃红肉的土耳其人喜爱的饮料。土耳其作为世界第五大葡萄生产国，出产过许多高品质的葡萄酒。土耳其专家认为，红葡萄酒含维生素C、维生素E、硒、锌、锰等，能消除或对抗氧自由基，延缓衰老，能有效降低血胆固醇，并防止血栓形成，防治心脑血管病。

不可不尝的土耳其鱼餐

来到土耳其，不可不尝的美食除了烤肉，别有风味的鱼餐馆也是一定不能错过的。吃鱼要去靠海边的鱼餐馆，不仅装潢讲究，周围风景更是美不胜收。土耳其海鲜讲究新鲜，通常是将鱼速冻，称为冰鲜。鱼餐馆门口通常有一个台子，上面铺满冰块，摆放着各种各样的鱼供食客选择。鲈鱼、鳟鱼、黄鱼、鲥鱼、比目鱼、剑鱼、黑海的小鱼和独特的锅盖鱼，应有尽有，当然还有大虾、鱿鱼等。

到鱼餐馆吃饭，黄油煎虾仁和炸鱿鱼圈不可不尝，鲜美的鱼汤也令人赞不绝口。香煎小黄鱼、油煎比目鱼、鲜烤鲈鱼、浓汤烂炖等让人见了就要流口水。最值得推荐的是烤锅盖鱼和盐包鱼。锅盖鱼圆圆扁扁的，鱼皮富含胶质，口感鲜美。盐包鱼一般选用鲈鱼，先用厚厚的一层盐把鱼包起来，放到火里烤，整个过程至少 1 小时；烤好后端上来，浇上酒精，用打火机点着，腾地一下火焰上来，整个餐馆的气氛为之一振。这是吃这道鱼最精彩的部分。由于鱼本身不沾火，所以鱼肉鲜嫩无比。

越南清淡美食吃了就瘦

由于越南菜受到中国、法国以及南洋其他国家的影响，既融合这些国家的饮食文化，又保持了自己的个性。越南人承自中国阴阳调和的饮食文化，烹调最重清爽、原味，以蒸煮、烧烤、焖、凉拌为多，热油炒者较少。通常被认为是较“上火”的油炸或烧烤菜肴，配上鱼露、香菜、香茅、青柠檬等，还有葱油、炸干葱和花生碎粒等越南菜烹饪中不可缺少的作料，用米纸包裹着一起吃，以达到去油“下火”的功效。

说到越南美食，不得不提到 PHO —米粉，COM —米饭，大家到越南如果见到这两个单词，就意味着有出乎意料的美食在等着你！

米粉在越南人口中，有另一层意义。如果越南男人对你说：“我今天想换口味，改吃米粉。”很可能他想找个情人了。当地曾一度禁止售卖米粉，原因是米粉太奢侈。在越南人心目中，米粉是奢侈的零食，而米饭则是寻常百姓而不可缺少的。

越南的春卷很好吃。随便街边小摊的春卷也能叫人回味悠长。越南盛产大米，对米制品又有着特殊的情感，一切用米加工的食物都做得格外出色。春卷皮用米粉做成，柔软而有弹性，一口咬下去，嘴里充满大米的天然气息，有着韧性却不会难以嚼开，蘸鱼露来吃，酸、辣、鲜俱齐。

越南美食中，最负盛名的莫过于街头巷尾的地摊小吃，如越南春卷、蔗虾、越南烤肉、猪肠粉卷、牛肉河粉等，都令人吮指回味。

越南河粉是越南出了名的庶民料理，牛肉河粉还可选择生与熟，生牛肉为绞肉状，在与热汤搅拌后呈半熟状，相当鲜美。

“鸭仔蛋”也是值得尝试的一项美食，价格不高，不过就看你有没有勇气吞下它了。所谓鸭仔蛋，就是未孵化完成，即生长到一半的鸭蛋，不特别烹煮，只是将其煮熟，因为蛋壳内的成长程度无法得知，所以有时可能会吃到“羽毛”。

在中式料理中，经常会以薄面皮包肉类、蔬菜，再加上酱料食用。越南也有，不过不是面皮，而是用米作成的皮，来包烤肉、沙嗲、生菜等。你只要稍微留意一下，在越南乡间的房前庭院，经常可以看见在竹架上晒着一张张白色膜状、类似春卷皮的东西，那就是“米皮”。由于它相当薄，可以吃很多也不会胖。

另外，炸象鱼也是相当值得推荐的一道名菜，一条约比一个手掌略大的鱼，彻头彻尾地炸它一番，炸到那条鱼全身酥麻、香脆可口，即使你不挑鱼刺也可以轻松的入口，因为连骨头也可以吃。

越南的水果也不得不提，越南的水果至今仍无品种改良，观察之后便会发现，越南的水果都比我国国内的小很多，但体积虽小，甜味及口感绝不逊色。牛奶果是越南的特色的水果，产期大约在农历 11 月前后，果肉为橘黄色，香甜滑嫩，味道如牛奶，相当特殊，在一般的水果摊都买得到。

越南菜的迅速兴起，也是近几年的事。以前它们往往只供应一些小吃，其口味普遍健康清淡，不油不腻，主料多水产，汁液重酸甜，青菜水果种类繁多，清新爽口；椰汁退火，随手可得；“鱼露”更是越南餐桌不可或缺的作料。植物性香料令人喜爱，兼之其烹调方式糅合了中国与法国的特点，相当符合现代营养学观点。这样的饮食习惯，难怪越南街道鲜有胖子的踪影，女人个个身材窈窕有致，皮肤白晰。因此，穿起越南旗袍才能婀娜多姿，凹凸有致。

印度特色奶茶一整天

柴米油盐酱醋茶，中国人的开门七件事，在印度也类似，但最大的不同大概在于他们把茶放在了第一位。大多数的印度人早餐要在10点以后才吃，早上起床可以不洗脸、不漱口，一杯奶茶是一睁开眼就要喝的。至于上午茶、下午茶和晚茶等名堂众多的茶点时间，频繁准确地让人不带表都不会误事。一天24小时，乡村野店、繁华都市、火车上、公路边，到处都有送茶的人、煮茶的摊。甚至在最简陋的旅社里，也有叫早服务，那就是早晨七到八点间，服务生的送茶敲门声。

奶茶，印度语的发音源自广东话的茶，按中国的茶分类，当属发酵型的红茶，与中国传统红茶不同的是加工时将茶叶切碎，饮用时加奶加糖。奶茶本身也有贵贱之分：贵的奶茶是新鲜水牛奶中加入豆蔻、茴香、肉桂、丁香和胡椒等多种香料，是王公贵族们的最爱；便宜的就只有单纯的奶和茶，顶多加点生姜或豆蔻调味，是贩夫走卒们每日不可少的饮料。虽说两者口味并无天壤之别，但所加香料品种和数量的多少，决定了每家茶的独特味道，喝得多了，第一口就能尝出是谁的手艺。

因为气候的不同，烧奶茶的方式有两种，南方讲究个“拉”，两个杯子间牛奶和酽茶倒来倒去，在空中拉出一道棕色的弧线，以便茶乳交溶；北方则讲究“煮”，将牛奶倒入锅中，煮沸后加入红茶再小火煮数分钟，加糖过滤装杯。

烧茶的工具也不尽相同，拉茶多用一口满是沸腾牛奶的大锅，和一个装煮好酽茶的大铜壶，铜壶带龙头，常画上一只竖眼和三道杠，象征主神湿婆，有时还装饰着新鲜的茉莉花串。煮茶则简单得多，一个煤油炉加一口小铝锅，在哪里都能开张。拉茶常见于印度南部、新加坡、印度尼西亚和马来西亚。煮茶则遍布南亚和东南亚的大部分地区，我国西藏地区的甜茶也属此类。

茶原产于中国，沿着古代的丝绸之路传到印度。印度最早栽培茶树的地区是在西北部的阿萨姆，据说英国人就是从当地的部落那里学会喝茶的。由此看来，著名的英国下午茶也是印度奶茶的变种。当今世界最有名的茶产地当属印度的大吉岭，尽管只有150多年的栽培史，其产量已占到印度总产量的 25%。最好的头摘茶在国际市场上 1 公斤能卖到 220 美元，不过全世界每年销售的六万吨大吉岭茶中，真正出自大吉岭的只有 12 000 吨。

米饭+咖喱：斯里兰卡的标准正餐

斯里兰卡人以大米为主食，喜食鸡肉，菜多放咖哩、辣椒、椰子油，味道辛辣、浓烈。煮稻是他们饮食中最具特色的一种，一般制作方法是把稻子放进大瓦罐中加水煮熟。这样煮稻，米的色泽微黄，便于贮藏，长时间香味不变，可随时食用。

在斯里兰卡，当用“米饭和咖哩”描述一顿标准正餐之时，当中包含了无限的、令人兴奋的烹调文化与激情。

斯里兰卡的美味佳肴或许不为世人所知，但却令不少老一辈的航海者感到惊讶。从前当航行者远赴这个岛国，大都是为了寻找香料和宝石，但岛上这些优质的特产足以令他们惊叹，并给他们留下深刻的印象。

不管是放在乡村简单的器皿中，还是盛置在酒店闪亮的铜器里，米饭和咖喱都绝不仅是米饭、蔬菜、小扁豆、肉类和海鲜咖喱的混合菜式。

单是以咖喱混制的作料和伴菜都能为您提高食欲。至于辛辣的菜式更是层出不穷，如充满印度特色的甜酸酱可搭配辣味蔬菜、矿物质丰富又美味可口的沙拉和涩味的酸菜配上印度奶油咖喱薄脆或辛辣的小扁豆威化饼等。

斯里兰卡形形色色的菜式每每为您的味蕾带来惊喜，绝不是把这些材料随意地拼凑。根据传统印度古法医学或生命科学的研究所得，每一顿饭都应该有六种口味来平衡身体所需，分别是酸、甜、苦、辣、咸和涩，而斯里兰卡的每一款咖哩菜式均遵循这一基本原则，烹调时，更顾及种种植物的医学特性。

以斯里兰卡肉螃蟹为例，其中一种特别受欢迎的烹调方法便是用辣椒酱配上一小把从鼓槌树上摘下的小树叶一起调制。虽然这种小叶子不能大大增加螃蟹的香味，但却具有杀菌作用。因此，即使现在螃蟹的处理都很卫生，但这一传统的烹制方法却一直沿用至今。

要对斯里兰卡菜式作出定义，莫过于其香叶和香料。香料，尤其是斯里兰卡地道独有的锡兰肉桂，吸引了不少葡萄牙、荷兰和英国的殖民统治者远洋到此。锡兰肉桂和另一种非常著名的香料小豆蔻常被加入到不同口味的咖哩、蔬菜和米饭内，同时，并配以黑胡椒、胡荽、孜然、茴香、胡芦巴、姜黄根和黑芥末籽一同调味。

斯里兰卡以多样化的咖哩口味著名，分别有黑咖哩、红咖哩和白咖哩。黑咖哩口味纯正，所使用的主要香料被烤至黑褐色，以诱发出浓郁的香味。红咖哩则加入许多新鲜或烘干的辣椒粉，也加入了未经烤过的香料，但分量比黑咖哩少，味道也辛辣非常。至于口味最温和的就非白咖哩莫属了，原因是白咖哩加入了许多椰奶。最常见的烹调方法，便是利用白咖哩烹制蔬菜、鱼和鸡肉。

烹调中不能少的香叶，通常是一束一束地售卖，是美味佳肴的基本配料，其中包括充满着浓郁柑橘香味的柠檬叶、芳香四溢的香兰叶和丛林中随处可见的咖哩叶。这种深绿色叶子在煎炒或被碾碎后，散发出非常独特、浓郁的香味，特别刺激食欲。事实上，在久远的年代，斯里兰卡已施行印度古法治疗，故咖哩叶一直被用作传统的印度药品，用来医治高血压和胆固醇过高等，因为咖哩叶具有促进消化和血液循环的疗效。

大多数的东南亚厨师使用由小虾或大虾晒干制成的调味酱料，但斯里兰卡厨师则使用碾碎了的鲣鱼来调味，放入著名的沙拉内，让食物更富有独特的斯里兰卡特色。

说完了咖哩，谈谈米饭。斯里兰卡的主要粮食不仅是我们熟悉的白色谷物，还包括具有坚果香味的巴斯马蒂大米。这种大米在印度北部十分受欢迎，是典型的地道红米，虽没有白色大米加工精细，但香味浓郁。一般来说，大米都会被蒸熟作为主食，但其实大米也可与香料、洋葱、汤汁和酥油一起烹制成酥油饭，或与椰子奶、香叶、香料和姜黄根一起炖成黄米饭。

咖哩饭一般作为午餐或晚餐，供人食用。斯里兰卡人一天的开始却与众不同。这个岛国的居民以一碗水牛奶造的浓厚制品开始。这种奶制品的酸味没有酸奶那么浓，但加入了棕榈糖浆及新鲜的热带水果如木瓜、菠萝和香蕉，是一顿美味而健康的早餐。

本地人更爱的早餐便是 Hoppers 小圆饼。它利用米及面粉，在小烤盘内烤制而成，并经常在饼的中间打入一只鸡蛋。小饼中间松软，四边焦脆金黄。小圆饼先用大米和白面粉混合制成面团，然后由一捆软软的白色面条组成，故起名为 hoppers，口感比面条松软而清新，一般配上微辣的椰奶汤作为早餐食用。

SPA菜系：营养健康的泰国菜

泰国传统的烹饪方法是蒸煮、烘焙或烧烤。由于受到中国影响，引入了煎、炒和炸的方法。自17世纪以来，烹饪方法一直受到葡萄牙、荷兰、法国和日本的影响。在17世纪后期，葡萄牙传教士在南美洲习惯了红辣椒的味道，于是在泰国菜中引入了红辣椒。因为有佛教背景，所以泰国人避免使用大块动物的肉，即使用到大块的肉也会被切碎，再拌上草药和香料。

泰国人非常擅长“暹罗-伊势”的外国烹饪方法，并替换其中的一些成分。印度饮食中使用的酥油被椰子油取代，椰子汁代替了其他乳制品。减少使用过于强烈的纯香料，增加了新鲜的草药，比如柠檬草和高良姜。最后，在泰国咖喱中使用较少的香料，而增加新鲜草药的使用量。通常人们都知道泰国咖喱的辣味很强烈，但持续时间短，而其他咖喱，由于香料味道强烈，辣味会持续很长时间。泰国菜上菜不是按照一定的顺序，而是一次上齐的。这样，用餐的人就可以尽情享受，使各种味道相互补充，相互结合。

泰国的 SPA 业正在形成一个独特、清新和具有活力的泰式风格，渐渐形成一个真正时尚的健康大餐。

古老的健康食品通常是指盘子里的生菜和胡萝卜，现在它们已经走进了 SPA 健康菜系的行列。但是，今天泰国 SPA 菜系的大厨们又在花园里找到了许多新鲜的蔬菜、水果和香草并将它们加工使之出现在餐桌上。

泰餐是世界上最好的菜系之一，在质量和制作方式上也是亚洲最具有创新风格的菜系。现在，那些健康的食品正在取代泰国传统的烹饪方式，宾客们可以期待一些很特别的食品。对那些难得一试的 SPA 菜系，健康食品的领军人物安德鲁揭开了一个神话：不像素食那样利用一些原料烹饪成“鱼”和“肉”类食品。但不论怎样，健康食品往往是与很多蔬菜结合，来平衡人体蛋白质的需求。厨师们的创新是将蔬菜、水果和香草烹饪成带有鱼、肉等美味的健康食品。

SPA 菜系是健康、营养的，它让烹饪的降低脂肪、降低盐分和降低糖分三个基础因素融入泰国人的日常饮食生活。SPA 菜系就是要选择有机的原材料，比如，用水果和蔬菜做原料烹饪菜肴来取代那些用味精、苏达和食用色素来改变原料本身的味道和颜色的不健康食品。取而代之的是健康、营养用料，比如纯橄榄油、苹果汁、香草和海盐，不仅可以给菜式提味还有医药功效。

食品的前期准备工作是很重要的，油炸和使用微波炉是绝对禁止的。应主要用烘烤、煎扒、蒸煮的烹调方式来烹饪食品。

吃泰国菜最好是两个人或多人集体用餐，这主要是由于用餐的人数越多，点的菜越多。一般说来，两个人用餐，除自己的米饭外，点三个菜，三个人用餐点四个菜。用餐者从共享的菜肴中选择自己需要的，一般加到自己的米饭上。汤和米饭一起享用。辛辣的菜肴要用口味清淡的菜肴“中和”一下，以免太辣产生不适的感觉。

理想的泰餐是辣、甜、酸的和谐统一，同时色、香、味俱佳。典型的泰餐应该包括一份汤。在泰国餐桌上，无论饭菜是否丰富，餐汤却是不能缺少的。泰国的餐汤主要分三大类，第一类是一种清淡的肉和菜汤；第二类是稀米汤；第三类是“冬阴功汤”，这可算是“王者之汤”。

“冬阴功汤”是最具代表性的泰国菜。它是世界上现存最古老的酸辣汤，也理所当然成为泰国的“国汤”。吃泰国菜，一定要体验酸辣海鲜，体验酸辣海鲜就一定要尝试一下冬阴功汤。在泰国，大小餐馆、普通人家都常喝这个汤。冬阴功汤的主要原料是甘草、冬葱、胡椒、鱼露、大头虾、青柠檬、香茅、文葱、紫苏、虾头膏辣酱和切碎了的泰国指天椒，煮熟后便由一个金鼎炭炉奉上。它味道浓郁，是充满刺激性的食物。泰国人认为，“冬阴功汤”食材讲究，有非常好的养生效果，曾有研究显示，常喝冬阴功汤的人，患癌症的几率的确要比不喝的人低许多。

香茅是“冬阴功汤”里常见的一种香料，也是泰国最常用的一种香料，泰国的蒸鲈鱼也都会放香茅，但它散发出来的柠檬般的芳香，让泰国本地人都会榨香茅汁来解馋。这种被称为柠檬草的天然香草，在泰国、越南、马来西亚等地都有，其汁人体食用后不仅有驱风作用，还可用来作天然的驱蚊水，最特别的是，它对胃也很有好处，可以保护泰国人经常受刺激的胃部。

燕窝号称泰国境内中华料理中的第一道美食，亦是闻名中外的宴客大菜。燕窝产在泰国南部，确切地点是马来半岛东侧的宋卡一地。燕窝数量有限，尤其巢中往往混合着稻草、泥土或是昆虫的尸体，经提炼加工后，可说是所剩无几。但在泰国吃燕窝往往会有意想不到的收获。

新西兰别具特色的移民菜肴

新西兰，白云的故乡，一个虽然小却令人羡慕的国度。由于过去是英国殖民地以及移民国家的关系，这里并没有一个专门的菜系，而是各有特色。走在街上可以看到中国餐馆、韩国餐馆、印度餐馆、中东餐馆，甚至是土耳其和摩洛哥餐馆。

营养早餐：煎炸鱼块+薯条+“玛麦脱”酱+趣味麦片

首先要提到的是煎炸鱼块和薯条，这其实是个地道的英国小吃。由于新西兰坐落在澳大利亚和南极之间的太平洋上，拥有丰富的渔业资源，所以这里的煎炸鱼块用的都是鳕鱼。这种鱼肉富有弹性且爽口，煎炸之后更是脆而有韧性，甚是好吃。而且所有的煎炸鱼块和薯条炸完之后皆用报纸包裹，别有风味。

早餐吃面包要用一种酱，叫“玛麦脱”。第一次吃的时候觉得味道有点怪，像是舔了生锈的铁门。不过，据说这种“玛麦脱”酱是一种含有丰富铁质和其他许多丰富维生素的营养食品，而且和花生酱、果酱相比，它不含脂肪，非常健康。这里很多孩子的早饭就是冰牛奶加涂了玛麦脱的吐司。

提到其他早餐，自然是麦片当道。麦片要用冰牛奶泡才好吃，一旦热了，那种满口脆香的感觉也就没有了，吃麦片的乐趣也随即消失。麦片自然也分好多种，其中的一种是被包裹在一层酸奶里的干果组成的瑞士风味的早餐食品，也有适合减肥人士的玉米片，可以随个人口味加入水果。此外，还有各式各样水果口味的麦片，主要是为了吸引小孩。也有比较高级的有机麦片，卖价自然高些。有一种特别的麦片，把类似花瓣形状的零碎麦片压缩成一块华夫饼干的形状，无论是干吃还是泡在牛奶里，或者加蜂蜜都特别香脆。

午餐和晚餐：一边是简洁一边是热闹

新西兰的午饭，或者吃三明治，或者吃寿司，也有正儿八经地坐下来好好吃一顿的，不外乎是意大利通心粉或者中餐之类。也有很多人喜欢中午吃派，那是一种酥壳里面有馅的饼，馅料主要是肉类，有点像是中国的鲜肉月饼。而这里的人们晚饭经常吃烤羊扒和牛扒。新西兰的羊和牛的总数比人口还多，牛肉和羊肉的质量也在世界上名列前茅。在英国和欧盟签订合作协议之前，新西兰是奶制品和牛羊肉的最大出口商。这里的牛肉和羊肉，肉质紧实但不难嚼、多汁且细腻，口感特别好，而且羊肉没有膻腥味，又特别容易烹调，补铁、饱肚子、享受美食一举三得。通常在餐馆里吃饭，菜单上必有小羊腿。在海边的饭馆里点一只小羊腿，两个人分享，海景加美味，简直是人间天堂。

吃烤肉一定要配红酒，新西兰出产不少好酒。新西兰的白葡萄酒酒质绝对可以和某些法国酒媲美，而且价格也不贵。新西兰的白葡萄酒略有不同的地方就在于它更偏向于水果味的口感。

此外，值得一提的是青口和生蚝。新西兰的青口个头很大，口感却不粗糙，没有很浓的海腥味。新西兰的生蚝新鲜多汁，非常清爽。尤其是奥克兰北端岛湾一带的牡蛎，颗粒大、海水味浓厚，是一定要品尝的名菜之一，佐白酒一杯，实属晚餐上佳选择。

饮食文化：兼容并包

近几年，新西兰人的味觉嗜好已有显著变化，饮食也越来越讲究。因为喜爱旅游的新西兰人到海外旅游尝试许多新食品，并引进回国内。新西兰人喜欢款待亲朋好友，也会被邀请在朋友的家里共同进餐。大部分客人需要自带一道菜，如沙拉、牛排和香肠等，并且自备啤酒。

作为英联邦的属国，新西兰的饮食很长时间被牛排、薯片、卷心菜、鱼和熏肉所占据。千篇一律的烤肉和水煮蔬菜以及就餐后的布丁，直到现在也仍旧是酒吧和乡村的主要食物。但移民国的特点也赋予了新西兰饮食的新变化，亚洲及各地移民带来的调料和烹饪技术，现在已使新西兰烹饪融汇了其他国家的烹饪技术，创造出利用当地现成食品烹饪的菜肴。

别具一格饮食成就中非人健壮体魄

中非人的肉食主要是牛肉。无论是首都还是小城镇，一年四季牛肉充满市场。每逢节日，在棕榈、香蕉树围绕的草棚前场地上，家家炊火闪烁，牛肉飘香。其中吃得最多的要数烤牛肉。

中非的烤牛肉很简单。在城镇热闹处的绿荫下搭个小木棚，用来遮凉和陈列烤好的牛肉及木薯团。棚后露天就是烤牛肉的地方。一个半截废弃的汽油桶，上面放一块用铁丝编织的网，桶内点燃干柴棍，放在铁丝网上的牛肉火烤烟熏，到两面变色冒油，就拿到棚内木架上出售。棚内“厨师”看买主花钱的多少，给以相应的牛肉。不论斤两，也没有砧板。“厨师”切割烤牛肉，是将牛肉捏在手指间，另一手拿把锋利的小刀，把刀伸进牛肉下，一拉就削下一片。如此反复，整块的牛肉就变成一片片的。然后把切好的牛肉放在一张纸上，再抓一撮洋葱丝放在牛肉上，撒点盐，讲究些的还要加点沙司或胡椒粉。进城的乡下人和城里的工人、职员中午时常到这些绿荫下休息，又聊又吃又喝，自有一番乐趣。

原来，这些烤牛肉和作料还有些讲究。那牛肉直接来自屠宰场，新鲜；选的是牛的肉脊、肋条和腿根肉，瘦嫩；烤时切成一厘米左右厚的大片，故外焦里嫩；而生洋葱有大蒜头的滋味，既能去些腥味，又能刺激食欲，再加入沙司或胡椒粉，嚼起来味道就不一般了。难怪这烤牛肉和洋葱会成为中非人最实惠、最中意的食品。

在中非，你驱车奔驰在“国道”上，极目之处尽是绿色屏障，高大的乔木遮天蔽日，茂密的灌木丛纵横遍布。这热带森林广袤、深邃而神秘，是中非人的生命之源。

当车通过岔路时，你常会看到三五成群的男男女女聚在高大浓密的芒果树下。地上放着一只只塑料桶和玻璃罐，里面装着淡乳色的液体，这就是中非的土酒——“刚果亚”。这是中非人最爱喝的热带饮料，上至达官显贵，下至黎民百姓，无不喜好。因此，“刚果亚”到处可见，几乎是逢村即有。

这土酒是怎么来的呢?它就是热带森林的恩赐之物。只要外国人进入这种“酒肆”场合，当地人就会十分热情地请你喝酒，与你聊天。你问他这酒是怎么做的，他就会领你进入丛林让你看个究竟。在昏暗的树林中，只见一排棕榈树倒在地上。

这树干形如胡萝卜，根段粗大，树梢细小，树根头被开了个缺口，缺口处楔入一根白色小木棍，树内便不断渗出乳白色的液体，顺着小木棍滴入塑料桶内。塑料桶内有一两块树皮，使白色液体不断冒泡，等流满一桶或几桶就提出来出售。原来这酒是用热带棕榈树汁，经一种树皮发酵而成。棕榈汁纯正甘甜，经发酵又有些酒劲。

最令中非人着迷的食物叫“希尼”。“希尼”是什么?原来它是蝴蝶卵变成的。它浑身灰白色，头有点红，身子两边有一根根直的“须”，形如毛虫又如蜈蚣，身长约5~8厘米，中非人称之为“希尼”，是他们最钟爱的美味佳肴。在蝴蝶繁殖季节，森林里出现大批的“希尼”。这时村村户户，不管男女老少，成群结队，个个提着塑料桶满载而归。他们回到家里，立即炊烟袅袅，先烧滚水，把虫烫煮，然后加些盐，全家围坐在一起吃得津津有味。剩余部分就用火烤干，待日后城里人来收购。

这一季节能延续一个月，人们天天钻树林，天天吃，天天卖。各处市场尽是成堆的黑色烤“希尼”。这时，阿拉伯人的牛肉摊，常因无人问津而不得不暂时封刀歇业。可见中非人对“希尼”的嗜好到了何种地步。

这“希尼”如同我国的蚕蛹一样极有营养。中非人没有精美的食品，也不具备高超的烹调技术，但是他们热爱自然，亲近自然，是那广袤而神秘的森林滋养了他们，给了他们乌黑发亮的皮肤、雪白的牙齿和健壮的体魄。

摩洛哥饮食饱含亲情

摩洛哥菜整体的感觉比较清爽，煎炸的食品不多，除了沙拉，其他的主菜大部分用焖、煮而成，而且使用很多天然花草香料，不使用味精，是很健康和天然的食品。因为摩洛哥地处北非，而且作为法国殖民地多年，菜式的口味受欧洲影响很大，口味不重，比较爽口。这和其他中东菜味厚油大的感觉相差很远。

在摩洛哥，第一道菜一般都是一盘沙拉或者水果作为开胃菜，之后便是一道含有土豆和肉类在一起的主菜。因为摩洛哥人很注重饮食的保养，诸如不饮酒、不吃很油腻的东西等，而包含土豆在内的第一道主菜可以用来在胃中“打底”，避免对肠胃的刺激和伤害，这也是一种很好的饮食习惯。羊肉炖土豆是在一种特殊的摩洛哥陶制厨具之中烹调出来的，通常都要炖几个小时，直到羊肉酥烂为止，如果评价它的味道就是原始的做法，原汁原味的羊肉。

“酷司酷司”是摩洛哥的一种主食，其实就是“中东米”，在一个深口大盘里装上北非的主食——粗粒小麦粉，用鸡汁蒸熟后轻敷陈年奶油再蒸，反复三次。鸡汁的香、奶油的甜都入渗后才将各式肉类、蔬果、汤汁淋上，米饭最后看起来黄澄澄的，像小米饭一般。“酷司酷司”吃到口里感觉松松软软，没有特殊的味道和感觉。虽然摩洛哥仍旧保持传统的“手抓饭”吃法，但是现在人们早就已经使用碗碟和刀叉来吃了。

在摩洛哥，每个妇女都会做几样自己拿手的点心，这些点心一般都在餐后享用，会是整餐饭的高潮所在。因为在摩洛哥家庭观念很重，也很重视亲情，在每餐之后妇女们都要拿出自己做的小点心互相交流，而每当此时，正是交流亲情的最好时刻。值得一提的是“摩洛哥大馅饼”，这是摩洛哥餐桌上比较受欢迎的菜。它是把野核桃仁和鸡肉碎包裹在薄饼之内叠成三角形煎熟的，饼皮很酥脆，里面的馅料有一点甜味。此外还有一些花样很多的小点心，咬在嘴里又香又脆。